U0273199

（第 2 版）

计算机操作员基本技能

就业技能培训教材 | 人力资源社会保障部职业培训规划教材
人力资源社会保障部教材办公室评审通过

主编　池金建

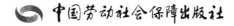

中国劳动社会保障出版社

图书在版编目（CIP）数据

计算机操作员基本技能／池金建主编. -- 2版. -- 北京：中国劳动社会保障出版社，2021

ISBN 978-7-5167-4990-6

Ⅰ.①计…　Ⅱ.①池…　Ⅲ.①电子计算机-技术培训-教材　Ⅳ.①TP3

中国版本图书馆 CIP 数据核字（2021）第 279794 号

中国劳动社会保障出版社出版发行

（北京市惠新东街1号　邮政编码：100029）

*

国铁印务有限公司印刷装订　新华书店经销

880毫米×1230毫米　32开本　7.125印张　147千字
2021年12月第2版　2021年12月第1次印刷
定价：**18.00元**

读者服务部电话：（010）64929211/84209101/64921644
营销中心电话：（010）64962347
出版社网址：http://www.class.com.cn

前　言

　　国务院《关于推行终身职业技能培训制度的意见》提出，要围绕就业创业重点群体，广泛开展就业技能培训。为促进就业技能培训规范化发展，提升培训的针对性和有效性，人力资源社会保障部教材办公室对原职业技能短期培训教材进行了优化升级，组织编写了就业技能培训系列教材。本套教材以相应职业（工种）的国家职业技能标准和岗位要求为依据，力求体现以下特点：

　　全。教材覆盖各类就业技能培训，涉及职业素质类，农业技能类，生产、运输业技能类，服务业技能类，其他技能类五大类。

　　精。教材中只讲述必要的知识和技能，强调实用和够用，将最有效的就业技能传授给受培训者。

　　易。内容通俗，图文并茂，易于学习。

　　本套教材适合于各类就业技能培训。欢迎各单位和读者对教材中存在的不足之处提出宝贵意见和建议。

人力资源社会保障部教材办公室

内 容 简 介

本书讲解日常办公必须掌握的计算机应用基础知识和基本操作技能，包括计算机基础、操作系统 Windows 7、Word 2010 和 Excel 2010 的应用、互联网的应用、计算机常用软件等内容。本书按照计算机操作员初级培训的基本要求编写，层次分明，内容全面，讲解清晰，图文并茂，书中深入浅出地介绍了计算机基础教学的基本要求、基本概念、基本技能和基本知识等。考虑到要对没有计算机基础的人员进行培训，所以在书中特意增加了计算机键盘、鼠标的认识和最常用的工具软件的使用等单元。

全书共分为 6 个单元，作为计算机入门教材，不需要其他预备知识，适合各类职业学校及各类培训机构在开展计算机初级操作培训时使用。

本书由池金建主编，其中第一单元、第四单元内容由陈晓芳编写，第二单元、第三单元内容由官秀敏编写，第五单元、第六单元内容由林春雷编写。

目　录

第 1 单元

计算机基础

计算机（computer）俗称电脑，是一种用于高速计算的电子计算机器，是能够按照程序运行，自动、高速处理海量数据的现代化智能电子设备。随着时代的发展，计算机已经逐渐应用到生活中各个领域。

计算机刚被发明时，整机重量达到了 30 吨，占地面积接近 200 平方米，每秒仅可执行 5 000 次运算。随着时代的进步，计算机逐渐向小型化、微型化发展，新一代的家用台式计算机的主机重量可以控制在 10 千克以内，而新一代便携式计算机的全重仅为几千克。

计算机是 20 世纪最伟大的科学技术发明之一，其发明和运用对人类的生产活动和社会活动产生了极其重要的影响，是人类进入信息时代的重要标志之一。

模块 1　计算机系统的组成

完整的计算机系统包括两大部分，即硬件系统和软件系统。通常情况下讲到的"计算机"一词，都是指包括硬件和软件的计算机系统，如图 1-1 所示。

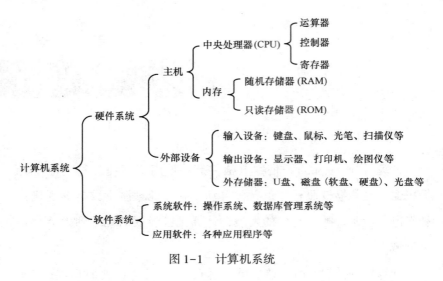

图 1-1　计算机系统

一、硬件系统

硬件系统是指构成计算机系统的物理设备，即由机械、电子器件构成的实体部件。台式计算机的硬件系统至少应包括主机及显示器、键盘、鼠标等外部设备，如图 1-2 所示。

1. 主机

主机内部硬件主要包括 CPU（中央处理器，central processing unit）、主板、内存、硬盘以及各种适配卡（如显卡），如图 1-3 所示。

（1）CPU。CPU 是中央处理器的英文缩写，不过经常被人们直接称为处理器（processor）。CPU 负责处理、运算计算机内部的所有数据，是计算机的核心。

图 1-2　台式计算机

图 1-3　主机内部硬件

（2）主板。主板又叫主机板、系统板或母板，它安装在机箱内，是计算机最基本的也是最重要的部件之一。主板一般为矩形电路板，上面安装了组成计算机的主要电路系统，一般有控制芯片、面板控制开关接口、扩充插槽、直流电源供电接盘等元件。

（3）内存。内存也被称为内存储器，是计算机中的主要部件，其作用是暂时存放 CPU 中的运算数据以及与硬盘等外部存储器交换的数据。日常使用的程序，如操作系统、文字处理软件、游戏软件等，一般都安装在硬盘等外部存储器上，但是使用它们时必须调入内存中运行。内存的质量好坏与容量大小会影响计算机的运行速度。

（4）硬盘。硬盘是计算机中最主要的外部存储器，用于存放系统文件、用户的应用程序及数据。硬盘的最大特点就是存储容量大，存取速度快。

（5）适配卡。主板上排列的一些长条插槽可以插入扩充卡，这些扩充卡也被称为适配卡。通过在扩充总线与外围设备之间提供接口，适配卡可以为系统添加某些特定功能。网卡、声卡和显卡等均属于适配卡。

2. 外部设备

计算机外部设备的种类繁多，除键盘、鼠标和显示器外，常见的还有打印机、扫描仪、音箱、移动硬盘、光盘、U 盘、摄像头等设备，如图 1-4 所示。

（1）鼠标。鼠标是计算机输入设备"鼠标器"的简称，是计算机显示系统纵横坐标定位的指示器，因形似老鼠而得名"鼠标"，通常分为有线和无线两种。

（2）键盘。键盘是最常用也是最主要的输入设备，通过键盘，

键盘和鼠标　　　　　　显示器　　　　　　打印机

音箱　　　　　　U盘与移动硬盘

图 1-4　常见外部设备

可以将英文字母、数字、标点符号等输入到计算机中，从而向计算机发出命令、输入数据等。根据键盘键位的多少，可以将键盘划分为 101 键盘、104 键盘、107 键盘等，104 键盘和 107 键盘是目前最常用的键盘。

（3）显示器。显示器又称监视器，是一种将一定的电子文件通过特定的传输设备显示到屏幕上再反射到人眼的显示工具，是人机交流的重要工具。常见显示器有 LED（发光二极管）显示器和 LCD（液晶）显示器两种。

（4）打印机。打印机是计算机的输出设备之一，是用于将计算机的运算结果或中间结果以人所能识别的数字、字母、符号和图形等，依照规定的格式印在纸上的设备。目前常用的打印机有激光打印机和喷墨打印机。

（5）音箱。音箱是指可将音频信号转换为声音的一种设备。按扬声器单元数量和是否带超重低音，音箱可分为 2.0 音箱、2.1 音箱、5.1 音箱等。

（6）U 盘与移动硬盘。U 盘与移动硬盘同属于移动存储介质，具有体积小、容量大的特点，作为信息交换的一种便捷介质，如今已经得到广泛应用。它们可以通过 USB 接口与计算机以及带有 U 盘读取功能的音响、视频播放设备连接，实现即插即用。

二、软件系统

软件系统也被称为"软设备"，广义地说，软件是指所有文档的集合。软件系统主要分为系统软件和应用软件。

1. 系统软件

系统软件是指控制和协调计算机及外部设备，支持应用软件开发和运行的系统，是无须用户干预的各种程序的集合，主要功能是调度、监控和维护计算机系统。用户最常使用的系统软件就是操作系统（如 Windows 等）。

2. 应用软件

应用软件是和系统软件相对应的，是用户可以使用的各种程序设计语言以及用各种程序设计语言编制的应用程序的集合。常见的应用软件包括文字处理软件、辅助工程软件、图形软件、工具软件等，如文字处理软件 Office、辅助工程软件 AutoCAD、图形处理软件 Photoshop 等均是应用软件。

模块 2　鼠标操作

鼠标是一种很常用的输入设备，它可以对当前屏幕上的游标进行定位，并通过按键和滚轮装置对游标所经过位置的屏幕元素进行操作。下面介绍鼠标的基本操作方法。

一、鼠标的握法

鼠标的正确握法是：食指和中指分别放置在鼠标的左键和右键上，拇指放在鼠标左侧，无名指和小指放在鼠标右侧，拇指、无名指和小指轻握住鼠标，手掌心轻轻贴住鼠标后部，手腕自然垂放在桌面上，操作时带动鼠标做平面运动。鼠标的正确握法如图 1-5 所示。

图 1-5　鼠标的正确握法

二、鼠标的基本操作

两键、三键或多键鼠标的基本操作方法大致相同，主要包括指向、单击、右击、双击和拖动 5 个基本操作，可以用来实现不同的功能，下面列出其具体操作及说明。

1. 指向

指向的方法是移动鼠标，通过移动鼠标使屏幕上的光标做同步移动，将鼠标指针放到某一对象上。

2. 单击

该操作常用于选择对象。方法是移动鼠标指针指向对象，然后快速按下鼠标左键再释放。

3. 右击

右击也称右键单击，该操作常用于打开目标对象的快捷菜单。方法是移动鼠标指针指向对象，快速按下鼠标右键再释放。

4. 双击

该操作常用于打开对象。方法是移动鼠标指针指向对象，连续两次单击鼠标左键再释放。

5. 拖动

该操作常用于移动对象。方法是移动鼠标指针指向对象，按住鼠标左键的同时移动鼠标指针到其他位置，然后释放鼠标左键。

三、鼠标光标的状态

在系统中，当用户进行不同的工作、系统处于不同的运行状态时，鼠标指针将会随之变为不同的形状，几种常见的鼠标光标的形状及它们代表的含义见表1-1。

表 1-1　　　　　　　　鼠标光标的形状及含义

形状	状态	形状	状态	形状	状态	形状	状态
	选择	+	精度选择	↕	调整垂直大小	✛	移动
	帮助	I	文字选择	↔	调整水平大小	↑	候选
	后台运行		手写		对角线调整1		链接选择
	忙	⊘	不可用		对角线调整2		

模块 3　键盘操作

计算机键盘是计算机的基本输入设备，是数据信息录入最主要的工具，熟悉键盘操作是操作计算机的最基本条件。掌握正确的键盘操作方法不仅有助于提高用户使用计算机的工作效率，还能有效保护使用者的身体健康。

一、键盘按键的分布

键盘上的键位并不是杂乱无章地任意堆放在一起的，而是根据不同的功能、不同的特点分类排列的。一个完整的 107 键键盘可以划分成 6 个分区：功能键区、主键盘区、光标控制键区、电源控制键区、指示键位区和数字小键盘区，如图 1-6 所示。

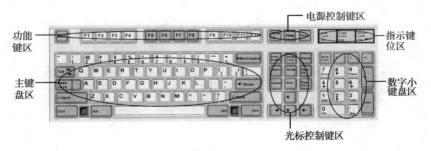

图 1-6　键盘键区分布

1. 功能键区

功能键区位于键盘的最上方，由 Esc 和 F1～F12 共 13 个按键组成，功能键区的各个键位都可以用来执行一些快捷操作，不同的应用软件对其有不同的定义，如图 1-7 所示。

图 1-7　功能键区

（1）Esc 键：强行退出键，Esc 是英文 Escape 的缩写。Esc 键的功能是取消当前操作、退出当前环境。例如，当用户打开了某个菜单后，按 Esc 键可以取消该菜单。

（2）F1~F12 键：功能键，在不同的程序软件中，F1~F12 各个键的功能有所不同。

2. 主键盘区

主键盘区也称打字键区，是键盘上最重要也是最常用的区域，一般有 58 个键位，包括了数字符号键、字母键、标点符号键、空格键和控制键，它的主要功能是用来录入文字、符号和数字等数据信息，如图 1-8 所示。

图 1-8　主键盘区

（1）数字符号键：从 0~9 共有 10 个数字符号键，主键盘区上的数字符号键都为双字符键。双字符键的每个键上都有上下两种不同的符号，排在上面的字符称为上排字符，排在下面的字符称为下排字符。可以通过与其他控制键组合的方式选择输入上排字符或下排字符，这极大地扩展了键盘的功能。

（2）字母键：从 A~Z 共有 26 个英文字母键，每个字母键都为隐含的双字符键，可同时输出大写和小写字母。默认状态下输出小写字母。

（3）标点符号键：共有 11 个标点符号键，但可以输出 22 个符号，因为这些键位为双字符键，包括了一些常用的符号，如"＞""？""｝""＋"等。

（4）空格键：位于主键盘区中最下面一排的中间位置，空格就是空白字符，按一次空格键就表示输入一个空格。

（5）控制键：主要是用来完成一些控制操作的键位，包括执行命令和打开快捷菜单等。主键盘区共有 12 个控制键位，分别是：一个 Tab 键、一个 Caps Lock 键、一个 Enter 键、一个 Back space 键、两个 Shift 键、两个 Ctrl 键、两个 Alt 键、两个 Win 键。

各个控制键位的作用如下：

（1）Tab 键：跳格键，在文字处理环境下，该键可实现光标的快速移动，光标移动的距离比空格来得更大。

（2）Caps Lock 键：这个键只对转换大小写字母起作用。按下此键，键盘右上方 Caps Lock 指示灯亮，表示当前为大写字母输入状态，再按一下 Caps Lock 键，则对应的指示灯变暗，表示当前回到了小写字母输入状态。

（3）Enter 键：回车键，是计算机操作中应用最为频繁的键位。在文档编辑状态，按下此键一般表示换一行；在命令输入状态，按下此键系统就会开始执行命令。

（4）Back space 键：退格键，在文字处理环境下，按下该键，即删除光标左侧的字符，同时光标向左移动。

（5）Shift 键：上档键，左右各有一个，功能相同。如果按下 Shift 键不放，再按下双字符键，即可输入该键的上排字符。若不按 Shift 键，直接按双字符键，则输入按键的下排字符。

（6）Ctrl 键：控制键，分为左右两个，功能相同，在不同的软件中有不同的功能定义。Ctrl 键必须结合其他的键位才能起作用。

（7）Alt 键：转换键，也分为左右两个，功能相同，按下 Alt 键可以激活活动窗口的菜单栏，使菜单栏的第一个菜单成为高亮条，而按下 Alt 键和一个字母就可以激活这个字母所代表的菜单项。

（8）Win 键：又称 Windows 系统功能键，左右各一个，任何时候按下 Win 键都可以打开"开始"菜单。

3. 光标控制键区

光标控制键区位于主键盘区和数字小键盘区之间，共有 13 个键，在文字处理软件操作中可以对光标和页面进行操作，如图 1-9 所示。

图 1-9　光标控制键区

（1）Insert 键：插入键，该键用来转换插入和改写的文本输入模式。在编辑文档时，当处于插入模式时，一个字符被插入后光标右侧的所有字符向右移动一个字符的位置；当处于改写模式时，输入字符将改写光标处字符。

（2）Home 键：起始键，在文字处理环境下按下此键，光标移至当前行的行首。

（3）End 键：终止键，按下此键，光标移至当前行的行尾。

（4）Page Up 键：向前翻页键，在文字处理环境下按下此键可以将文档向前翻一页。

（5）Page Down 键：向后翻页键，在文字处理环境下按下此键可以将文档翻一页。

（6）Delete 键：删除键，每一次按下此键都会删除光标后面的一个字符，同时光标右侧的所有字符向左移动一个字符位。

（7）Print Screen 键：屏幕打印键，按下此键可将当前屏幕以图片的形式复制到剪贴板中，可以将该图片粘贴在图像处理软件中并进行处理。

（8）Scroll Lock 键：屏幕锁定键，按下此键屏幕停止滚动，直到再次按下此键为止。

（9）Pause Break 键：停止键，按下该键，可以暂停当前正在运行的程序文件。同时按下 Ctrl+Pause Break 键，可强行终止程序的运行。

（10）↑↓←→键：光标移动键，可以控制光标分别向上下左右 4 个不同的方向移动。在编辑文档时，使用光标移动键可以方便地控制光标移动到文档的任意位置。

4. 电源控制键区

电源控制键区包含了 Power 键、Sleep 键和 Wake Up 键三个电源控制键，使用电源控制键可以更加方便地控制计算机，如图 1-10 所示。

（1）Power 键：电源键，在任何时候按下 Power 键都可以直接关闭计

图 1-10　电源控制键区

算机。

（2）Sleep 键：休眠键，在任何时候按下 Sleep 键都可以使计算机处于待机状态。

（3）Wake Up 键：唤醒睡眠键，当计算机处于待机状态时，按下 Wake Up 键将会使计算机从待机状态恢复到正常运行状态。

5. 指示键位区

指示键位区位于键盘右上角，共有 Num Lock、Caps Lock 和 Scroll Lock 三个指示灯，如图 1-11 所示。

图 1-11　指示键位区

指示键位区指示灯的作用如下：

（1）Num Lock 指示灯由数字小键盘区的 Num Lock 键控制，当 Num Lock 指示灯亮时，表示此时数字小键盘处于打开状态。

（2）Caps Lock 指示灯由主键盘区的 Caps Lock 键控制，当 Caps Lock 指示灯亮时，表示此时处于大写状态，敲入字母将会自动转换为大写。

（3）Scroll Lock 指示灯由光标控制键区的 Scroll Lock 键控制，当 Scroll Lock 指示灯亮时，表示此时激活了屏幕滚动功能。

6. 数字小键盘区

由于主键盘区的数字键分布过于分散，对于那些经常录入大量数字信息的使用者来说，使用很不方便，数字小键盘区的出现就可以解决这个问题。

数字小键盘区位于键盘的最右侧，指示键位区的下方，共 17 个键位，包括了 0~9 数字和一些常用的运算符号按键，如图 1-12 所示。

在数字小键盘区上有 10 个双字符键。这些键的使用要由数字锁定键 Num Lock 键来实现：

图 1-12　数字小键盘区

（1）当 Num Lock 指示灯（位于 Num Lock 键的上方）不亮时，这些键处于光标控制状态，其用法与光标控制键用法相同。这时如果想使用数字小键盘区输入数字则要配合 Shift 键控制。

（2）当 Num Lock 指示灯亮时，这些键则处于数字输入状态，配合数字小键盘区中的"+""-""＊""/"键及"Enter"键，就可以进行数字输入，这样可以方便操作人员用单手进行数值数据的输入。

二、键盘操作姿势

操作键盘时应注意保持正确的姿势，错误的键盘操作姿势很容易导致疲劳，长时间处于错误的姿势下甚至会影响健康。

要准确快速地操作计算机，操作键盘时应注意以下几点：

（1）操作时最好使用专门的桌椅，桌的高度以达到自己臀部为准，椅应是可以调节高度的转椅。

（2）身体背部挺直，稍偏向键盘左方并微向前倾，双腿平放于桌下，身体与键盘的距离为 30~40 厘米。

（3）眼睛应以 25 度角俯视显示器，眼睛与显示器距离为 40~50 厘米。

（4）两肘轻轻贴于腋边，手指轻放于按键上，手腕平直，两肩下垂，手指保持弯曲，形成勺状放于键盘上，左手食指总是保持在

F 键处，右手食指总是保持在 J 键处。

三、键盘指法

不同型号的计算机配置的键盘不尽相同，但主键盘区基本相同。人们在计算机的主键盘区划分出一个区域，称为基准键位区。

基准键位包括"A、S、D、F、J、K、L、;"共 8 个键，用于放置食指到小指，Space 键又称空格键，用于放置左右手大拇指。基准键位区中间位置的"F"键和"J"键上各有一个突起的小横杠或小圆点，这是两个定位点，主要是为了方便寻找到基准键位。除拇指外，其余 8 根手指各有一定活动范围。以纵向左倾斜与基本键位相对应为原则，把字符键位划分成 8 个区域，每个手指管辖一个区域。手指在键盘上的管辖区域如图 1-13 所示。

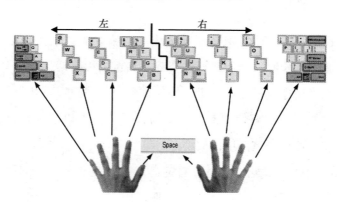

图 1-13　手指在键盘上的管辖区域

1. 基本键位的指法

当用户准备操作键盘时，首先应将手指放在基准键位区。放手指时，应先将左手的食指放在"F"键上，右手的食指放在"J"键上，双手大拇指放于空格键上方，其他的手指依次放下就可以了。手指在基本键位上的放置方法如图 1-14 所示。同一手指从基本键位到其他键位"执行任务"是靠手指的屈伸实现的。在敲击完其他键后，只要时间允许，手指就要回到基本键位，以利于下一次敲击其他键。

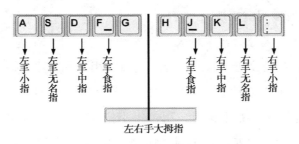

图 1-14　手指在基本键位上的放置方法

2. 食指键（R、T、G、V、B、Y、U、H、N、M）的指法

R、T、G、V、B 等键是左手食指的操作范围，敲击 G 键时左手食指向右伸展，敲击 R 键时向上方伸展，敲击 T 键时向右上方伸展，敲击 V 键时向右下方微屈，敲击 B 键时向右下方大斜度伸展。Y、U、H、N、M 键是由右手食指操作的，右手食指向左伸展敲击 H 键，微向左上方伸展敲击 U 键，向左斜上方伸展敲击 Y 键，向右下方微屈敲击 M 键，向左下方微屈敲击 N 键。敲击后，食指仍回到基本键位上。

3. 中指键（E、C、I 和,）的指法

E 键由左手中指向左微斜上伸敲击，敲击 C 键时向右下敲击。I 键由右手中指向左微斜上伸敲击，敲击逗号键时向右下敲击。

4. 无名指键（W、X、O 和 . ）的指法

敲击 W 和 O 键时，左手无名指和右手无名指分别微向左上方伸展，敲击 X 和 . 键时，则分别微向右下方弯曲。

5. 小指键（Q、Z、P 和/）的指法

Q、P 键分别位于左手小指和右手小指的左右上方，敲击时只需将小指微向左上伸展。Z、/键分别位于 A 键和；键的右下方，敲击时将小指微向右下弯曲。

6. 大写字母键指法

大写字母键分为首字母大写和连续大写两种。在进行英文输入时，经常遇到首字母大写的情况，这时可用 Shift 键控制大写字母输入。输入的基本方法是：字母键属于左手键时，用右手小指控制 Shift；字母键属于右手键时，用左手小指控制 Shift。若要连续输入大写字母，则可按下 Caps Lock 键设置大写锁定，锁定后即可连续输入大写字母。

7. 指法规则

手指敲击按键时应遵守以下规则：

（1）敲击按键前，将双手轻放于基准键位上，左右拇指轻放于空格键上。

（2）手掌以腕为支点略向上抬起，手指保持弯曲，略微抬起，以指头敲击按键，注意一定不要以指尖敲击，敲击动作应轻快、干脆，不可用力过猛。

（3）敲击时，只有对应手指才做动作，其他手指放在基准键位上。

（4）手指敲击后，马上回到基准键位区相应位置，准备下一次敲击。

（5）每根手指都有自己负责的键区，在敲击时各司其职、互不干扰。在操作时必须保证每根手指都只敲击自己负责的键位，不能

越位。

　　键盘操作是一项技巧性很强的工作，科学合理的打字技术被称为触觉打字法，又称盲打法，即打字时眼睛不看键盘，视线专注于文稿，做到眼到手起，因此可以获得很高的工作效率。初学者只要严格按照指法训练，就会很快掌握盲打法，大大提高数据的录入速度。

模块 4　汉字录入

　　汉字数量巨大，常用字就有数千个之多，计算机键盘不可能为每一个汉字造一个按键，这就为人们输入汉字造成很大的困扰。因此，需要一类将汉字输入计算机等电子设备的编码方法，这就是中文输入法，也称汉字输入法。

　　汉字编码的方案很多，但基本依据都是汉字的读音和字形两种属性，即音码和形码。其中属于音码的中文输入法有智能 ABC、微软拼音、紫光拼音以及搜狗拼音、谷歌拼音、QQ 拼音等。而五笔字型输入法是较常用、影响较大的形码输入法。

一、输入法的切换

　　在 Windows 系统中单击任务栏右侧的输入法图标 En，在弹出的输入法选择菜单中选择一种中文输入法即可，也可以使用快捷键切换，方法如下：

　　（1）Ctrl+空格键：切换中英文输入法。

（2）Ctrl+Shift：在各种输入法和英文之间切换。

二、智能 ABC 输入法

智能 ABC 输入法是中文 Windows 操作系统自带的一种汉字输入法，编码时采用汉语拼音编码方案，属于音码输入法。智能 ABC 输入法的状态栏如图 1-15 所示。

图 1-15　智能 ABC
输入法的状态栏

1. 智能 ABC 输入法的使用

智能 ABC 输入法提供全拼、简拼、混拼等数种拼音输入方案，下面介绍智能 ABC 输入法的常见使用方法：

（1）全拼输入。全拼输入是最简单的一种编码方案，也是系统默认的编码方案。输入规则为：将一个汉字完整的汉语拼音作为该汉字的编码，然后在输入法候选区域中按对应的数字键选择汉字。如"刘"字的编码为"liu"，输入后按下 4 就可以直接录入"刘"字，如图 1-16 所示。如果当前输入候

图 1-16　全拼输入

选区域没有列出要输入的汉字，还可以按 Page Up 与 Page Down 键翻页选择。

（2）简拼输入。全拼输入虽然简单，但编码太冗长，难以提高输入速度。为解决这个问题，可以使用简拼输入。输入规则为：输入简拼时，取每个汉字的声母作为该汉字的编码。如"计算机"的编码为三个汉字的声母集合"jsj"，如图 1-17 所示。

（3）混拼输入。混拼就是在输入文字时根据字、词的使用频度，

图 1-17　简拼输入

将全拼和简拼混合使用。这样可以大大提高文字输入的准确率，减少重码。输入规则为：按词输入时，其中的一个汉字使用全拼，其他汉字使用简拼。如输入词组"服务员"，按照规则输入编码"fuwy"，如图 1-18 所示。

图 1-18　混拼输入

2. 字母"V"的特殊功能

智能 ABC 输入法在录入汉字时，结合字母"V"可以产生几种特殊的录入方式，下面进行简单介绍。

（1）特殊符号的录入。在使用智能 ABC 输入汉字时，可以按下字母 V+数字（1~9）选择对应的特殊符号。例如按下 V1 时，会弹出如图 1-19 所示的候选区，里面列出了一些图形符号，选择即可输入。

图 1-19　特殊符号候选区

（2）中英文无缝切换。在智能 ABC 输入法中，当在中文录入的间隙需要输入英文时，不必切换到英文状态上，只需按下字母"V"作为标识符，后面跟随要输入的英文，按空格键即可。如在输入中文间隙想输入英文"type"，则应键入"Vtype"。

三、搜狗拼音输入法

搜狗拼音输入法是由搜狗（Sogou）公司推出的一款汉字拼音输入法。搜狗拼音输入法是基于搜索引擎技术的新一代汉字输入法软件，是国内主流汉字拼音输入法之一。搜狗拼音输入法的状态栏如图 1-20 所示。

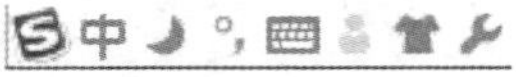

图 1-20　搜狗拼音输入法的状态栏

搜狗拼音输入法除了全面支持智能 ABC 输入法中的各种拼音输入方案，还具有自己特有的功能，以下进行简要介绍。

（1）翻页选字。不同于智能 ABC 等其他输入法，搜狗拼音输入法默认的翻页键是逗号","和句号"。"，相当于 Page Up 和 Page Down 键，这样输入时，手就不用移开主键盘区，从而提高效率，也不容易出错。

（2）中英文切换。搜狗拼音输入法可以按 Shift 键切换中英文输入状态，按一下 Shift 键进入英文输入状态，再按一下 Shift 键返回中文输入状态。

（3）模糊音。模糊音是专为容易混淆某些音节的人所设计的。当启用了模糊音后，输入"si"也可以输出"十"，输入"shi"也可以输出"四"。

（4）中文数字。搜狗拼音输入法在智能 ABC 输入法的 V 模式基础上进行了功能扩展，可以直接输入中文数字。例如输入【V424.52】，即可输出【肆佰贰拾肆元伍角贰分】。

（5）网址输入。网址输入模式让用户能够在中文输入状态下输入几乎所有的网址。规则是当用户输入以"www""http："　"ftp："　"telnet："　"mailto："等开头的字母时，自动识别进入到英文输入状态，输入例如　"www.sogou.com""ftp://sogou.com"　等类型的网址。

四、五笔字型输入法

五笔字型输入法是王永民在 1983 年 8 月发明的一种汉字输入法，是一种完全依照汉字字型编码的输入法。五笔字型输入法只使用标准英文键盘的 25 个字母键便能够高效率地输入汉字。五笔输入法的状态栏如图 1-21 所示。

图 1-21　五笔输入法的状态栏

五笔字根是五笔输入法的基本单元，而五笔字根又是由五种基本笔画组合而成的，在录入汉字时，先将每个汉字拆分成字根，然后找出每一个五笔字根的编码，将五笔字根的编码组合即成了汉字的编码。

1. 基本笔画

五笔字型输入法将汉字的五种笔画，即横、竖、撇、捺、折定义为基本笔画。在划分汉字笔画时，只考虑汉字笔画的运笔方向，而不考虑其轻重长短。然后将这五个基本的笔画按照汉字使用频度的高低进行排列，用数字 1、2、3、4、5 编码，见表 1-2。

（1）横笔画：凡运笔方向从左到右或从左下到右上的笔画都是"横"笔画。

（2）竖笔画：凡运笔方向从上到下的笔画都包括在"竖"笔画

中，左竖勾"亅"虽然有转折，但仍然将其编为竖笔画。

表 1-2 　　　　　　　　　　　　基本笔画编码

编码	笔画	笔画走向	笔画及变形体
1	横	左→右或左下→右上	一 ㇀
2	竖	上→下	丨 亅 丿
3	撇	右上→左下	丿
4	捺	左上→右下	丶 ㇏
5	折	带转折	乙 ㇇ 乛 ㇄

（3）撇笔画：凡从右上到左下的笔画归为"撇"，将不同角度的撇都归于撇一类。

（4）捺笔画：凡从左上到右下的笔画都是"捺"笔画，它包括了"捺"和"点"。

（5）折笔画：所有带转折的笔画（除了左竖钩外）都是"折"笔画。

2. 字根

字根是五笔输入法的基本单元，在五笔输入法中，字根是构成字的基本单位。

在学习五笔输入法时需要掌握每个字根的形状及其编码，五笔字型 86 版一共设定了 130 个字根，这些字根按照一定规则排列在键盘键位上，形成"字根键盘"，如图 1-22 所示。

按照字根起笔代号，并考虑键位设计的需要，字根键盘分为五个大区，每区又分为五个位，命名以区号加位号，以 25 个代码表示。

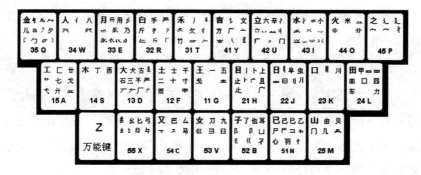

图 1-22　字根键盘

表 1-3 为五笔字型字根助记词，每句助记词均与相应键位上的字根对应。

表 1-3　　　　　　　　　　五笔字型字根助记词

区号	字根编码	
第 1 区字根	11G：王旁青头兼五一	12F：土士二干十寸雨
	13D：大犬三羊古石厂	14S：木丁西
	15A：工戈草头右框七	
第 2 区字根	21H：目具上止卜虎皮	22J：日早两竖与虫依
	23K：口与川，字根稀	24L：田甲方框四车力
	25M：山由贝，下框几	
第 3 区字根	31T：禾竹一撇双人立，反文条头共三一	
	32R：白手看头三二斤	33E：月衫乃用家衣底
	34W：人和八，三四里	
	35Q：金勺缺点无尾鱼，犬旁留，儿一点夕氏无七	
第 4 区字根	41Y：言文方广在四一，高头一捺谁人去	
	42U：立辛两点六门疒	43I：水旁兴头小倒立
	44O：火业头，四点米	45P：之字军盖建道底
第 5 区字根	51N：已半巳满不出己	52B：子耳了也框向上
	53V：女刀九臼山朝西	54C：又巴马，丢矢矣
	55X：慈母无心弓和匕，幼无力	

五笔字型字根助记词是帮助记忆字根的有效工具，学习者应背诵字根助记词，并随着学习和操作逐渐理解。

3. 字型

五笔字型输入法根据字根在组字时的不同排列顺序将汉字分类为三种不同的字型：左右型、上下型和杂合型，并将左右型命名为1型，字型代号为1；将上下型命名为2型，字型代号为2；将杂合型命名为3型，字型代号为3。字型结构见表1-4。

表1-4　　　　　　　　　　字型结构

字型代号	字型名称	图示	示例文字	字型特征
1	左右型	▮▮	和　故　胡	字根之间有明显的间距，按左右顺序排列
		▮▮▮	做　糊	
		▬▮	按　洪	
		▬▮	剖　新	
2	上下型	▬▬	亢　字	字根间可有间距，也可相连，总体按上下顺序排列
		▬▬▬	意　旦	
		▮▮	范　荻	
		▮▮	照　货	
3	杂合型	▣	固　园	字根间可有间距，也可无间距，但不分上下左右，浑然一体，不分块
		▣	凶　幽	
		▮▬	司　勾	
		▣	同　内	
		▬	乖　在	

三种字型的划分基于对汉字整体轮廓的认识，指的是整个汉字中有着明显界线，彼此可间隔开一定距离的几个部分之间的相互位置关系。

4. 字根之间的结构关系

按照组成汉字的字根之间的结构关系可以将汉字分为四种类型，即"单、散、连、交"，见表 1-5。

表 1-5　　　　　　　　　字根之间的结构关系

类型	特点	例字
单	字根本身即是汉字	土　木　山　水　火
散	构成汉字的字根之间保持一定的距离	亘　故　仁　估
连	构成汉字的基本字根相连，一般由一个基本字根连一个单笔画	且　自　千　太　勺
交	几个基本字根交叉套叠之后构成汉字	本　里　申　丙　中

字根之间的结构关系标志着字根组字时的形式与规则，掌握字根之间的结构关系对正确拆分与合并字根非常有帮助。

5. 汉字拆分原则

运用五笔字型输入法输入汉字时，应掌握汉字的拆分原则，因为汉字的拆分不依据汉字的书写顺序进行，在拆分汉字时，应遵循下面的拆分原则。

（1）单无须拆，散拆从简。字根是一个汉字的，不需要进行拆分，这类汉字输入方法有特殊规定。对于字根相对独立的散字，只需将其字根相对拆开即可。

（2）取大优先。在各种可能的拆法中，应保证按书写顺序拆分出尽可能大的字根，保证拆分出的字根数最少。例如，"草"可以拆为"艹早"，也可以拆成"艹日十"，根据"取大优先"的原则，应选择第一种拆法。

（3）能散不连。如果字可以拆成几个分散字根，就不要拆成相连字根。例如，拆分"主"字，正确的拆法是拆成"丶王"，错误的拆法是拆成"亠土"。

（4）能连不交。如果一个汉字可以拆分成几个相"连"的字根，就不要拆分成相"交"的字根。在拆出的字根数相同的情况下，按相"连"的结构拆分比按相"交"的结构拆分优先。例如，"天"应拆成"一大"而不是拆分成"二人"。

6. 单字输入

（1）键名字根。字根表中排在每个键位第一个位置的字根即是键名字根，五笔字型共有 25 个键名字根，键名字根在键盘上的分布如图 1-23 所示。

图 1-23　键名汉字

键名字根的录入非常简单，只需要连续敲击四下键名字根所在的键位即可将其正确录入。例如："王"的编码为 GGGG，输入时按四次 G 键；"人"的编码为 WWWW，输入时按四次 W 键。

（2）成字字根。每个键上除键名字根外，还有一些完整的汉字，称之为成字字根。130 个基本字根中，有几十个成字字根。

成字字根输入方法是：所在键名+首笔码+次笔码+末笔码。

1）所在键名的意思就是成字字根汉字所在的键位。如"卜"

字为成字字根，它在键盘上的键位为 H 键，所以敲击 H 键一次就达到输入所在键名的目的了。

2）有些成字字根输入不足四码，这时在输入结束后敲击一下空格键就行了。例如："丁"字的所在键名为 S，首笔码为 G，末笔码为 H，故输入编码 SGH 后，按下空格键就可输入。

3）有些成字字根输入超过四码，在录入前三码后，再将最后一笔画的编码录入即可，如"雨"字，所在键名为 F，首笔码为 G，次笔码为 H，末笔码为 Y。

（3）不足四码单字。五笔字型输入法规定无论是汉字还是词组，其编码位数都是四位，但是有些汉字所有的字根个数都不足四位，为了补全四位编码，需要在这些汉字原编码后再加打一个识别码。

汉字的末笔画共有 5 种情况，汉字字型共有 3 种情况，因此汉字末笔字型的识别码共有 15 种，见表 1-6。

表1-6   **汉字末笔字形的识别码**

末笔笔画 ＼ 字型	左右型（1）	上下型（2）	杂合型（3）
横（1）	11（G）	12（F）	13（D）
竖（2）	21（H）	22（J）	23（K）
撇（3）	31（T）	32（R）	33（E）
捺（4）	41（Y）	42（U）	43（I）
折（5）	51（N）	52（B）	53（V）

汉字识别码的判断规则：先找到汉字的末笔画，再找到末笔画的数字代号，然后找出对应的字型代号，将末笔画的字型代号与数字代号组合即为汉字的识别码。如"位"字，末笔画是"横"，数

字代号是 1，字型为左右型，代号也是 1，因此识别码是 11，对应的键位是 G 键。

两码单字取码规则为：第一字根编码+第二字根编码+识别码+空格。如"故"字，按照拆分规则可以拆分成"古""攵"两个字根。按书写顺序输入完两个字根的编码 DT 再加打一个识别码和空格即可录入"故"字。

三码单字取码规则为：第一字根编码+第二字根编码+第三字根编码+识别码。如"何"字的末笔为"一"，汉字字型为左右型，根据识别码规则判断"何"字的识别码为 11，对应 G 键。因此"何"字的全码为 WSKG。

（4）四码或四码以上单字。四码或四码以上的单字输入方法是：按书写顺序依次敲入第一字根编码+第二字根编码+第三字根编码+第四字根编码。如"照"由"日""刀""口""灬"四个字根构成，在录入时依次输入第一字根编码 J，第二字根编码 V，第三字根编码 K，第四字根编码 O 即可录入，"照"字的全码是 JVKO。

7. 简码输入

简码就是简化了的编码，五笔字型输入法将一些常用汉字设置为简码汉字，在录入时不用输入完这些汉字的全码，只需要输入全码的一部分即可达到录入汉字的目的。

五笔字型的简码共有三种：一级简码、二级简码、三级简码。三级简码汉字个数多，且编码效率不高，因此不必掌握。

（1）一级简码汉字。五笔字型输入法规定了 25 个最常用的汉字为一级简码汉字，一级简码汉字都是一些高频字，如图 1-24 所示。

一级简码汉字录入比较简单，只需要敲击一下简码汉字所在的

图 1-24 一级简码汉字

键再敲击一下空格就可以了。例如：W+空格录入"人"，K+空格录入"中"。

一级简码汉字只需敲击两次就能完成输入，因此，初学者要牢记这 25 个一级简码汉字，这样有助于提高汉字录入速度。

（2）二级简码汉字。五笔字型输入法中还有约 600 个二级简码汉字。录入二级简码汉字时，只需录入汉字的前两位编码再加打一个空格即可。例如"参"字，全码是 CDE，因为"参"字是二级简码，因此只需要敲击 CD 键再敲一下空格键即可录入。

一级简码与二级简码汉字在录入时应用得非常频繁，用途比较大，只需敲击两三次就能完成输入。初学者记住一、二级简码汉字有助于提高汉字录入速度。

8. 词组输入

为了提高录入速度，五笔字型输入法还采用常见的词组来进行录入。词组包括二字词组、三字词组、四字以上词组。

（1）二字词组。二字词组的录入规则比较简单，只需要依次取出两个汉字的第一个、第二个字根构成四码即可。取码规则：第一个汉字的第一字根+第一个汉字的第二字根+第二个汉字的第一字根+第二个汉字的第二字根。

例如：在录入二字词组"吉利"时，依次取出两个汉字的头两个字根构成四码"士口禾刂"。"士"的编码为 F，"口"的编码为 K，"禾"的编码为 T，"刂"的编码为 J，由此构成词组"吉利"的编码 FKTJ。

（2）三字词组。在录入三字词组时，分别取出前两个汉字的第一个字根，再加上第三个汉字的第一个、第二个字根构成四码。取码规则：第一个汉字的第一字根+第二个汉字的第一字根+第三个汉字的第一字根+第三个汉字的第二字根。

例如：在录入三字词组"准考证"时，依次取出前两个汉字的第一字根和第三个汉字的第一个、第二字根构成四码"冫土讠一"。"冫"的编码为 U，"土"的编码为 F，"讠"的编码为 Y，"一"的编码为 G，由此构成词组"准考证"的编码 UFYG。

（3）四字以上词组。在录入四字以上词组时，需要分别取出每个汉字的第一个字根构成四个字根。取码规则：第一个汉字的第一字根+第二个汉字的第一字根+第三个汉字的第一字根+最末汉字的第一字根。

例如：在录入四字词组"斩钉截铁"时，分别取出"斩"字的第一个字根"车"，"钉"字的第一个字根"钅"，"截"字的第一个字根"土"，"铁"字的第一个字根"钅"构成四位编码 LQFQ。

又如：多字词组"中华人民共和国"共有六个汉字，我们取出它的第一个、第二个、第三个及最末的汉字，即"中华人国"四个字的第一个字根构成四码"口亻人囗"。这四个字根的编码集合 KWWL 即是词组"中华人民共和国"的编码。

操作系统Windows 7

操作系统是计算机系统中重要的系统软件，是整个计算机系统的控制中心。目前主流的操作系统是微软公司推出的 WINDOWS 系统，本文中主要对 Windows 7 系统进行讲解。

模块 1　Windows 7 的启动与关闭

一、启动 Windows 7

在开机进入 Windows 7 前，必须确认计算机已经连接了各种电源及数据线。启动时应先打开显示器，再按下计算机主机箱上的电源开关，操作系统会自动启动。

二、关闭 Windows 7

在关闭计算机前，必须确定已经关闭了 Windows 7，否则可能会破坏未保存的文件和正在系统中运行的程序。如果未关闭 Windows 7 就直接切断计算机电源，系统将认为这是非正常中断，在下次开机时会自动执行磁盘扫描程序。

关闭 Windows 7 的操作步骤如下：

（1）关闭所有已经打开的文件和应用程序。

（2）单击屏幕左下角的"开始"按钮，打开"开始"菜单。

（3）在弹出的开始菜单中单击"关机"按钮，即可安全关闭计算机，如图 2-1 所示。

图 2-1　关机

"关机"快捷菜单中的其他几个命令按钮：

（1）切换用户：当有两个以上用户时关闭当前登录用户，重新登录一个新用户。

（2）注销：清除现在登录的用户的请求，清除后即可使用其他用户来登录系统，注销不可以替代重新启动，只可以清空当前用户的缓存空间和注册表信息。

（3）锁定：返回欢迎界面，点击用户后可进入。

（4）重新启动：重新启动计算机。

（5）睡眠：将内存中的数据全部转存到硬盘上，关闭除了内存外所有设备的供电。

提示：用户也可以在关闭所有的程序后，按 Alt+F4 组合键，快速弹出"关闭 Windows"对话框进行关机等操作。

模块 2　Windows 7 桌面

"桌面"就是用户启动计算机登录到系统后看到的整个屏幕界面，它是用户和计算机进行交流的窗口，如图 2-2 所示。通过桌面，用户可以有效地管理自己的计算机。要熟练地操作计算机，就必须先熟悉桌面操作。

一、桌面图标

"图标"是指在桌面上排列的小图像，它包含图形和说明文字两部分，是常用工具或应用程序的快捷图标，用户可以通过双击桌面上的快捷图标启动相应的程序或文件，如图 2-3 所示。

在这些图标中有一部分属于系统默认安装的图标，他们的功能如下：

（1）"计算机"图标：用户双击打开该图标可以实现对计算机

图 2-2　桌面

图 2-3　桌面图标

硬盘驱动器、文件夹和文件等的管理，在其中用户可以访问连接到计算机的硬盘驱动器、照相机、扫描仪和其他硬件以及有关信息。

（2）"回收站"图标：在回收站中暂时存放着用户已经删除的文件或文件夹等，当用户还没有清空回收站时，可以从中还原删除的文件或文件夹。

二、"开始"菜单

"开始"菜单是 Windows 7 中应用得较为频繁的菜单之一，通过"开始"菜单，几乎可以完成对计算机的所有操作，用户可以使用

"开始"菜单启动应用程序，系统中安装的所有应用程序的快捷方式都可以在"开始"菜单中找到，如图 2-4 所示。

单击桌面上的"开始"按钮可以打开"开始"菜单，也可以按组合键 Ctrl+Esc 打开"开始"菜单。

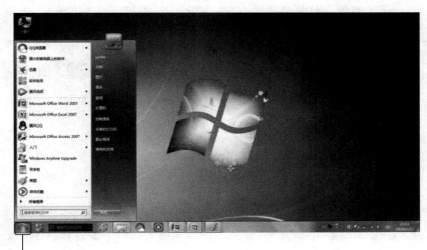

"开始"菜单

图 2-4　"开始"菜单

通过"开始"菜单，可以很方便地启动各种应用程序，如要启动"记事本"程序可以单击"开始"按钮，依次选择"所有程序—附件—记事本"。

三、任务栏

任务栏是位于桌面底部的长条形栏。它显示了系统正在运行的程序、已打开的窗口和当前系统时间等内容。通过任务栏可以完成许多操作，而且也可以对其进行一系列的设置。任务栏可分为"开始"按钮、"快速启动栏""任务按钮区""通知区域"和"显示桌面"等，如图 2-5 所示。

"快速启动栏"中集合了一些应用程序的快捷方式，"任务按钮区"中列出了当前用户打开的一些程序的缩略图，"通知区域"中则显示了系统当前的时间、声音、输入法状态等信息，"显示桌面"则用于快速显示桌面。

"开始"按钮　快速启动栏　任务按钮区　　　　　　　　通知区域　显示桌面

图 2-5　任务栏

四、通知区域

通知区域位于任务栏的右侧，它集合了一些快捷方式按钮，提供通知并显示状态。如打开"任务管理器"或无线网卡的通知图标，又如访问"音量控制"和"本地连接"等程序的快捷方式以及将文档发送给打印机后出现的打印机快捷方式图标等。通知区域的常见按钮如下。

1."输入法"按钮

单击"输入法"按钮即弹出"输入法"列表，列表中显示 Windows 7 中已安装的各种输入法，如图 2-6 所示。

2."音量控制"按钮

单击"音量控制"按钮即弹出音量调节器，用鼠标移动音量调节器中的滑块可以调节音量的大小或者将系统静音，如图 2-7 所示。

3."时间"按钮

"时间"按钮显示系统当前时间，单击"时间"按钮即弹出

"更改日期和时间设置"对话框。在此对话框中，可修改计算机系统的日期和时间，如图 2-8 所示。

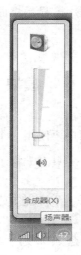

图 2-6　"输入法"列表　　　　　图 2-7　音量控制

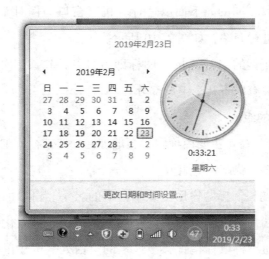

图 2-8　更改日期和时间设置

4."显示桌面"按钮

单击"显示桌面"按钮可最小化当前

应用程序，显示桌面，如图 2-9 所示。

图 2-9 "显示桌面"按钮

模块 3 Windows 7 的基本操作

用户要使用一个系统，首先应了解这个系统并掌握其基本的操作方法，只有掌握了这些基本操作方法，才能熟练使用这个系统。

一、窗口的操作

要想熟练使用 Windows 7，窗口的各种操作就应该掌握得非常熟练。虽然根据对象的不同，打开的窗口内容也不尽相同，但其组成部分却是大致相同的。下面以"计算机"窗口为例对 Windows 7 中的窗口组成进行介绍，如图 2-10 所示。

双击桌面上的"计算机"图标即可打开该窗口，如图 2-10 所示，其中主要有以下几个组成部分。

1. 窗口的组成

"计算机"窗口主要由标题栏、地址栏、搜索栏、工具栏、工作区、导航窗格、状态栏等组成。

（1）标题栏。标题栏用于显示窗口的名字。窗口的标题栏位于窗口的最顶端，在标题栏的右侧有最小化按钮、最大化按钮以及关闭窗口等按钮。将鼠标指针移至该栏的空白处，按住鼠标左键不放并拖动鼠标即可调整窗口位置。如果打开多个窗口，通过这种方式

图 2-10　"计算机"窗口

调整的窗口最多同时只有一个，且该窗口的标题栏是蓝色的，其他所有的非活动窗口的标题栏是灰色的。

（2）地址栏。地址栏用于显示当前窗口文件在系统中的位置，其左侧包括"返回"按钮和"前进"按钮，用于快速打开最近浏览的窗口。

（3）搜索栏。搜索栏位于地址栏右侧，用于快速搜索系统中的文件，在框中输入要搜索的文件夹或文件名后点击放大镜按钮即可搜索。

（4）工具栏。工具栏会根据窗口中显示或选择对象的不同而出现不同的按钮。

（5）工作区。工作区用于显示当前窗口中存放的文件和文件夹。

（6）导航窗格。在导航窗格中选择相应项可快速切换或打开对应窗口。

（7）状态栏。状态栏位于整个窗口的底部，用于显示计算机的配置和当前窗口所选择对象的信息。

2. 窗口的操作

（1）打开窗口。有两种常用的打开窗口方法：

1）鼠标双击要打开窗口的图标。

2）鼠标右击要打开窗口的图标，在弹出的快捷菜单中选择"打开"命令。

（2）移动窗口。移动窗口即改变窗口的位置。方法是用鼠标指向窗口的标题栏，按下左键并拖动到相应的位置。

（3）改变窗口大小。将鼠标指向窗口的四边框，当鼠标指针变成水平或垂直方向的双箭头时，按下鼠标左键并拖动，可改变窗口大小。将鼠标指向窗口的四个角，当鼠标指针变成45度倾斜的双向箭头时，按下鼠标左键并拖动，可同时改变窗口的宽度和高度。

（4）窗口的最大化（还原）和最小化。单击标题栏中的"最小化"按钮■，窗口缩小为一个图标显示在任务栏中；单击标题栏中的"最大化"按钮■，窗口充满整个屏幕，同时"最大化"按钮变成"还原"按钮■；单击"还原"按钮■，窗口恢复原来的大小，同时"还原"按钮变成"最大化"按钮■。

（5）前后台窗口的切换。切换前后台窗口最简单的方法是用鼠标单击任务栏上相应窗口的按钮；若窗口之间没有完全覆盖，则单击对应的窗口区域也可将其激活。用键盘实现窗口切换的快捷键是"Alt+Esc"和"Alt+Tab"键。

（6）排列窗口。为了特殊用途，可以将打开的窗口按一定的方法在桌面上进行排列，常使用"横向平铺窗口"或"纵向平铺窗口"的排列方式。窗口排列的操作方法是右键单击任务栏的空白区域，在弹出的快捷菜单中选择相应命令即可打开窗口进行排列。

（7）关闭窗口。关闭窗口通常有以下 3 种方法：

1）单击标题栏中的"关闭"按钮 ⊠ 。

2）单击"组织"工具中的"关闭"命令。

3）按下 Alt+F4 组合键也可以关闭当前窗口。

二、菜单的操作

菜单将命令用列表的形式组织起来，当用户需要执行某种操作时，只要从中选择对应的命令项即可进行操作。

1. 菜单的分类

Windows 中的菜单包括"开始"菜单、控制菜单、应用程序菜单（下拉菜单）和快捷菜单等。

2. 菜单中的符号约定

（1）呈灰色显示的命令。表示该命令当前不能使用。

（2）带省略号的命令。表示选择此命令后将打开一个对话框向用户询问更多的信息。

（3）带选中标志的命令

1）命令名前带有"●"标志，表示它在分组菜单中被选中了。

2）命令名前带有"√"符号，表示让用户在打开（有"√"）和关闭（无"√"）两种状态之间进行切换。

（4）带级联标志的命令。命令旁有"▶"符号，表示选择此命令后将出现另一个子菜单供用户选择。

三、对话框操作

对话框是 Windows 系统的一种特殊窗口，是系统与用户"对话"的窗口。一般包含按钮和各种选项，通过它们可以完成特定命令或任务，如图 2-11 所示。

不同功能的对话框在组成上也会不同，一般情况下对话框包含标题栏、标签与选项卡、命令按钮、列表框、文本框、单选按钮、复选框和帮助按钮等。

图 2-11　对话框

1. 标题栏

标题栏位于对话框的最上方，显示对话框的名称，右侧是对话框的关闭按钮，有的对话框右侧还有帮助按钮。用鼠标拖动标题栏可以移动对话框。

2. 标签与选项卡

在系统中有很多对话框都是由多个选项卡构成的。标签是选项卡的名字，用户可以通过单击各标签来实现选项卡之间的切换。在选项卡中通常有不同的选项组。

3. 单选按钮

单选按钮通常是一个小圆圈"○"，其后有相关的文字说明，当选中后，在圆形中间会出现一个绿色的小圆点"⊙"。在对话框中通常是一个选项组中包含多个单选按钮，当选中其中一个后，别的单选按钮是不可选的，也就是说单选按钮是具有排他性的按钮，能且只能选择其中的一个。

4. 复选框

复选框通常是一个小正方形"□"，其后也有相关的文字说明，当用户选择后，在正方形中间会出现一个绿色的"√"标志。复选框是可以任意选择的，不具有排他性。

5. 命令按钮

命令按钮是指在对话框中圆角矩形并且带有文字的按钮，单击命令按钮可立即执行一个命令，常用的有"确定""应用""取消"等。

5. 列表框

列表框显示多个选择项，用户可选择其中一项。当选项不能全部显示时，系统会提供滚动条帮助用户快速查看。

6. 文本框

文本框是用来输入文本信息的一个矩形区域，需要用户手动输入内容，还可以对各种输入内容进行修改和删除操作。一般在其右侧会带有向下的箭头，可以单击箭头在展开的下拉列表中查看最近曾经输入过的内容。

7. 帮助按钮

帮助按钮位于对话框右上角。若需要提供帮助，单击该按钮，然后单击某个项目，就可以获得有关该项目的帮助信息。

模块 4　文件与文件夹的管理

计算机中的所有资源都以文件的形式存放在硬盘中，所以文件管理对用户而言是非常重要的。在 Windows 7 环境下，"计算机" 提供了使用灵活且功能强大的文件管理功能，通过这些功能可以实现对各类系统资源的管理，使计算机中的资源整齐、有序地存放，以方便查看与使用。

一、文件管理概述

文件管理是系统的基本功能之一，其包括文件的创建、查看、移动、复制、删除、重命名、搜索等操作。

文件是以计算机硬盘为载体存储在计算机上的信息的集合。文件夹是存放一组文件的"容器"，是用来组织和管理磁盘文件的一种数据结构，其一般采用多层次结构（树状结构），在这种结构中，每一个磁盘有一个根文件夹，其中包含若干文件和文件夹，文件夹不但可以包含文件，而且还可以包含下一级文件夹。

二、文件和文件夹的选定

在"计算机"中，如果用户想要移动、复制或删除文件，首先要选定要操作的对象，"先选定后操作"是文件与文件夹管理的首要原则。为了使用户能够快速选定文件和文件夹，Windows 系统提供了多种方法。

1. 选定单个文件或文件夹：单击要选取的对象。

2. 全部选定：如果用户需要选定文件夹窗口中的所有文件，可以执行"编辑 \ 全选"命令或者按下 Ctrl+A 组合键，如图 2-12 所示。

图 2-12　全部选定

3. 选定一组连续排列的文件或文件夹：可以单击选定要选取的第一个文件或文件夹，按住 Shift 键，然后单击选定要选取的最后一个文件或文件夹；也可以按住鼠标左键拖动，让虚线框包围要选定的文件或文件夹。

4. 选定不相邻的文件或文件夹：按住 Ctrl 键，依次单击选定要选取的文件或文件夹。

三、文件的命名规则

1. 在 Windows 7 系统中，文件的名称由文件名和扩展名组成，格式为"文件名 . 扩展名"。

2. 文件名最长可以包含 255 个字符。

3. 文件名可以由英文字母、阿拉伯数字和一些特殊符号等组成，可以包含空格（不能出现在文件名的开头）和下划线，但禁止使用 ／、＼ 、:、 * 、?、"、<、>、| 这 9 个字符，文件名也可以用任意汉字命名。

4. 文件扩展名一般由多个字符组成，标示了文件的类型，不可随意修改，否则系统将无法识别。

5. 文件名和文件夹名不区分大小写。

6. 在同一存储位置，不能有文件名（包括扩展名）完全相同的文件。

四、新建文件夹

以在 C 盘根目录下新建文件夹为例进行讲解。

步骤 1：双击打开"计算机"。

步骤 2：双击 C 盘图标，进入 C 盘根目录。

步骤 3：右击 C 盘根目录空白处，在弹出的快捷菜单中选择

"新建"命令，单击"文件夹"，此时在 C 盘根目录下就建立了一个名为"新建文件夹"的文件夹，也可点击工具栏中的"新建文件夹"按钮来新建文件夹，如图 2-13 所示。

图 2-13　新建文件夹

五、重命名文件或文件夹

在 Windows 中文件和文件夹的名称可以根据需要进行修改，具体操作步骤如下。

（1）选定要重命名的文件或文件夹。

（2）在工具栏中选择"组织"，在弹出的下拉菜单中选择"重命名"命令，或右击从快捷菜单中选择"重命名"命令。

（3）选中的文件或文件夹名称处于可编辑状态，输入新的名称后按回车键或单击空白处即可完成重命名。

六、剪切或复制文件夹

复制和剪切对象都可以实现移动对象，区别在于：复制对象是将一个对象从一个位置移动到另一个位置，操作完成后原对象保留，即一个对象变成两个对象放在不同位置；而剪切对象是将一个对象从一个位置移到另一个位置，操作完成后，原位置的对象消失。

1. 复制文件或文件夹

具体操作步骤如下：

（1）选定要复制的文件或文件夹。

（2）在工具栏中选择"组织"，在弹出的下拉菜单中选择"复制"命令，或右击从快捷菜单中选择"复制"命令，或者按"Ctrl+C"组合键。

（3）定位到目标位置，在工具栏中选择"组织"，在弹出的下拉菜单中选择"粘贴"命令或按"Ctrl+V"组合键完成复制操作。

2. 剪切文件或文件夹

具体操作步骤如下：

（1）选定要剪切的文件或文件夹。

（2）在工具栏中选择"组织"，在弹出的下拉菜单中选择"剪切"命令，或右击从快捷菜单中选择"剪切"命令，或者按"Ctrl+X"组合键。

（3）定位到目标位置，在工具栏中选择"组织"，在弹出的下拉菜单中选择"粘贴"命令或按"Ctrl+V"组合键完成剪切操作。

七、删除文件或文件夹

具体操作步骤如下：

（1）选定要删除的文件或文件夹。

（2）在工具栏中选择"组织"，在弹出的下拉菜单中选择"删除"命令，或右击从快捷菜单中选择"删除"命令，或者按"Delete"键，也可以直接拖动文件或文件夹到回收站完成删除操作。

若用户想找回文件，可通过回收站来还原文件。

模块 5　控制面板的操作

控制面板是对 Windows 7 进行管理控制的中心。它集成了很多专门用于更改 Windows 7 设置的工具，通过这些工具，可以完成安装新硬件、添加和删除程序、更改屏幕的外观等操作。

一、启动控制面板

单击"开始"菜单，在右侧的列表中可以看到"控制面板"选项，单击便可启动。控制面板中按类别显示了一些选项，单击它们可以进入具体设置，如图 2-14 所示。

单击右上角查看方式右侧的"类别"下拉按钮，在弹出的下拉列表中选择"小图标"选项，可以显示所有的选项图标，如图 2-15 所示。

图 2-14　控制面板（按类别显示）

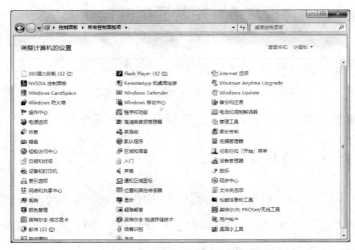

图 2-15　控制面板（按小图标显示）

二、设置显示属性

用户可以自定义桌面背景，更改桌面背景的具体操作步骤如下：

（1）在控制面板中选择"显示"图标。

（2）选择"更改桌面背景"。

（3）用户根据需要选择桌面背景，如图 2-16 所示。

图 2-16　更改桌面背景

三、设置屏幕保护程序

（1）在控制面板中选择"显示"图标。

（2）选择"更改屏幕保护程序"。

（3）用户根据需要设置屏幕保护程序，如图 2-17 所示。

四、安装或卸载应用程序

1. 安装应用程序

应用程序的安装一般有两种方式：

（1）通过光盘直接安装，当把某个应用程序的安装光盘放到光

图 2-17　设置屏幕保护程序

驱中后，双击光驱图标，一般会自动启动安装程序。

（2）通过双击相应的安装图标也可以启动安装程序，安装图标一般名称为 Setup 或 Installation。

2. 卸载应用程序

如果某软件长时间不使用，或者该软件出现了问题，用户可以选择将其从计算机中卸载。具体步骤如下：

（1）在控制面板中选择"程序和功能"图标。

（2）在列表中选择需要删除的程序。

（3）单击"卸载\更改"按钮，Windows 7 将弹出一个确认删除的对话框，询问用户是否删除。单击"是"，系统开始自动删除文件，完成后系统提示卸载成功，如图 2-18 所示。

图 2-18　卸载或更改程序

第3单元

文字处理软件Word 2010的应用

　　Word 2010 是 Microsoft Office 2010 的组件之一，是一款文字处理软件。Word 2010 在原有版本的基础上做了一些改进，具有更加友好的用户界面，使用它可以轻松、高效地完成文字处理工作。Word 2010 适用于制作各种文档，如信件、传真、公文、报纸等。

模块 1　认识 Word 2010

一、启动 Word 2010

1. 通过"开始"菜单启动 Word 2010

　　按顺序选择桌面"开始"/"所有程序"/"Microsoft office"/"Microsoft office Word 2010"启动。

2. 双击桌面上的快捷方式启动

　　双击桌面上的"Word 2010"图标启动。

3. 通过已有文档启动

　　打开已有的 Word 文档即可启动。

二、退出 Word 2010

1. 单击标题栏最右上方的"关闭"按钮。

2. 选择"文件"菜单中的"退出"命令。

3. 按"Alt+F4"组合键。

4. 双击标题栏左上方的控制图标。

不论使用哪一种方式退出，如果对文档进行了修改，退出时 Word 会自动弹出一个消息框询问是否保存修改后的文档。单击"是"按钮，即可保存对文档进行的修改；单击"否"则不保存文档；单击"取消"按钮则中止关闭操作，返回编辑状态，如图 3-1 所示。

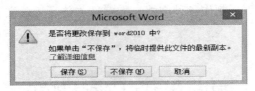

图 3-1　是否保存对文档的修改

三、Word 2010 的工作界面

启动 Word 2010 后，其工作界面如图 3-2 所示。

1. 标题栏

标题栏位于 Word 2010 主窗口的最上方，它给出了用户目前正在编辑的文档的名称。左侧有快速访问工具栏，右侧有最大化（还原）、最小化和关闭按钮。

2. 菜单按钮

菜单按钮可打开文件菜单，其中包括新建、打开、关闭、打印、

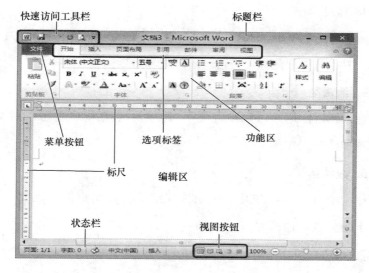

图 3-2　Word 2010 工作界面

退出等选项，如图 3-3 所示。

图 3-3　文件菜单

3. 选项标签

Word 2010 的选项标签包括开始、插入、页面布局、引用、邮件、审阅、视图等，选择不同的对象选项卡也会有相应的变化。

4. 标尺

标尺分为水平标尺和垂直标尺，作用是确定文档在屏幕中的位置，同时也可以用此标尺进行段落缩进和边界调整。

5. 编辑区

在编辑区内用户可以输入文字、图形、表格等，也可以对文档进行各种编辑工作。

6. 滚动条

滚动条由滚动框和几个滚动按钮组成，使用户能移动（上下、左右滚动）窗口内的文档。

7. 状态栏

状态栏位于 Word 2010 窗口的最下端，它显示了当前文档的编辑状态。

模块 2　Word 2010 基本操作

通过 Word 2010 创建的文件被称为文档，文档中可包含文字、表格、图形、声音、视频等对象。

一、新建文档

1. 启动程序时创建文档

启动 Word 2010 时系统会创建一个默认的新文档，新文档被命名为"文档 1"。

2. 根据模板或向导创建文档

通常情况下，启动程序时创建的文档仅包括了最基本的格式设置，在很多情况下，这类文档不能满足用户的要求。为了提高用户的工作效率，系统提供了大量的模板和向导，可以创建出格式比较复杂的文档，如图 3-4 所示。

模板是一类预先设置好的特殊 Word 文档，模板中定义了标题格式、背景图案、表项等。

向导是一类特殊的模板，由一系列对话框组成，只要按步骤逐一完成，就可以得到符合自己要求的文件。

在文档中执行"文件"—"新建"命令，可选择新建各类文档模板。

图 3-4　新建文档

二、打开文档

使用 Word 2010 可以打开任何位置上的文档，包括本地硬盘、网络驱动器、Internet 上的文档。

1. 打开最近操作过的文档

Word 2010 具有自动记忆功能，可以记忆最近几次打开的文档。在"文件"菜单的"最近所用文件"命令中会列出最近使用过的文档，如图 3-5 所示。单击其中的文档即可打开。

图 3-5　最近所用文件

2. 利用"打开"对话框打开文档

如果要打开的文档不是最近打开过的，可以执行"文件"菜单的"打开"命令，打开"打开"对话框，如图 3-6 所示，在其中选择要打开的文档。

3. 在文件夹中打开文档

在文件夹中找到要打开的文档，双击即可打开。

三、保存文档

保存文档是编辑文档的关键一步，保存之前对文档所做的编辑

图 3-6　"打开"对话框

仅保留在计算机内存中，如果编辑过程中遇到停电或者系统故障导致程序意外关闭或出错而文档没有保存，那么文档中的信息就有可能丢失。因此，及时保存文档是很重要的。

1. 保存新建的文档

虽然在建立新文档时系统赋予其默认的名称，但并没有分配在磁盘上的文档名，因此，在保存新文档时，需要给新文档指定一个文件名。

（1）执行"文件"—"保存"命令或者单击标题栏左上角的"保存"按钮，也可以按 Ctrl+S 组合键，打开"另存为"对话框，如图 3-7 所示。

（2）在对话框中选择文档路径，指定文档要保存的位置。

（3）在"文件名"下拉列表框中输入要保存的文件名。

（4）在"保存类型"下拉列表框中选择保存文档的类型。

（5）确认文档保存的位置、文档类型、文档名称后，单击"保存"按钮，保存文档。

图 3-7 "另存为"对话框

2. 保存已有的文档

如果只需要对事先已经执行过保存操作的文档中最新做出的编辑修改进行保存，则可单击"文件"菜单中的"保存"命令或单击标题栏左上角的"保存"按钮，也可以按 Ctrl+S 组合键进行保存，当前文档将保存在原来的位置，而不再打开"另存为"对话框。

3. 另存文档

如果经过编辑修改后需要保存为一个新的 Word 文档，则可以在菜单栏依次单击"文件"—"另存为"命令，打开"另存为"对话框后重新选择保存位置或重新命名。

4. 自动保存文件

为了避免因断电、死机等原因造成编辑结果的丢失，Word 提供了自动保存文档的功能。该功能从用户打开 Word 时开始计时，按照一定的时间间隔来完成自动保存。用户可根据实际情况设定自动保存文档的时间间隔。设置方法如下：

（1）执行"文件"菜单中的"选项"命令，出现"选项"对话框，选择"保存"选项，如图 3-8 所示。

（2）选中"自动保存时间间隔"复选项，在"分钟"文本框中选择或输入自动保存的时间间隔（单位为分钟，默认时间间隔为 10 分钟）。时间间隔的范围可设定为 1 分钟到 120 分钟。

启用了自动保存功能后，就可以周期性地自动保存文件，但在关闭文件之前仍需用"保存"或"另存为"来保存被修改的文件。

模块 3　掌握文本录入方法

录入文本是 Word 2010 最基本的操作之一，文本是文字、符号、图形等内容的总称。创建文档后，用户就可以进行文本的录入操作。此外，Word 2010 还提供了一些辅助功能方便文本的录入。

一、选择输入法

Word 2010 提供了多种输入法，用户可以根据自己的喜好选择，具体步骤如下：

（1）在任务栏右侧的语言栏上单击语言图标，打开"输入法"

列表，如图 3-8 所示。

（2）在输入法列表中选择一种输入法，也可以用 Ctrl+Shift 组合键切换到想要的输入法。

图 3-8 "输入法"列表

二、录入文本的基本方法

在空白文档中录入文本时插入点自动从左到右移动，这样就可以连续不断地录入文本。当到一行的最右端时系统将向下自动换行，如果想另起一个段落继续录入，可以按 Enter 键，新录入的文本就会从新的段落开始。

在录入文本过程中，难免会出现录入错误，可以通过以下操作来删除错误的录入内容：

（1）按 Backspace 键可以删除插入点之前的字符。

（2）按 Delete 键可以删除插入点之后的字符。

（3）按 Ctrl+Backspace 组合键可以删除插入点之前的字（词）。

（4）按 Ctrl+Delete 键可以删除插入点之后的字（词）。

三、录入特殊字符

在录入文档时避免不了特殊符号的使用，有些特殊符号不能从键盘上直接录入，用户可以使用"符号"对话框插入特殊符号。

1. 插入符号

（1）将光标定位到需要录入特殊符号的位置。

（2）单击"插入"选项卡，在"符号"组中单击"符号"按钮，在弹出的"符号"列表中执行"其他符号"命令，打开"符号"对话框,如图 3-9 所示。

图 3-9　"符号"对话框

(3)在"字体"下拉列表中选择一种字体集,这里选择"wing-dings"字体集,如图 3-10 所示。

(4)在符号列表框中选中要插入的符号"☺"。

(5)单击"插入"按钮,符号就插入到文档中了。

(6)完成后单击"取消"按钮退出。

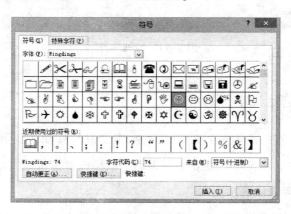

图 3-10　"wingdings"字体集

2. 插入特殊字符

（1）将光标定位到需要录入特殊字符的位置。

（2）单击"插入"选项卡，在"符号"组中单击"符号"按钮，在弹出的"符号"列表中执行"其他符号"命令，打开"符号"对话框，再单击"特殊字符"选项卡，如图 3-11 所示。

（3）在列表中选中要插入的字符，单击"插入"按钮，字符就插入到文档中了。

（4）完成后单击"取消"按钮退出。

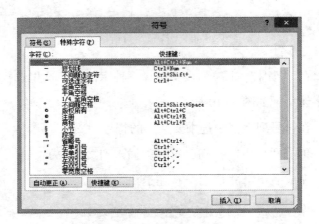

图 3-11　特殊字符

四、选定文本

选定文本是编辑文档的最基本操作，也是移动、复制、剪切等操作的前提。在 Word 2010 中可以利用鼠标或键盘选定文本。

1. 利用鼠标选定文本

（1）利用鼠标选定文本是最常用的操作方法，操作时应把光标放置于要选定的文本前，然后按住左键并拖动到选定文本的末尾，松开左键后，这些文本反白显示，表明这些文本已被选定，如图 3－12 所示。

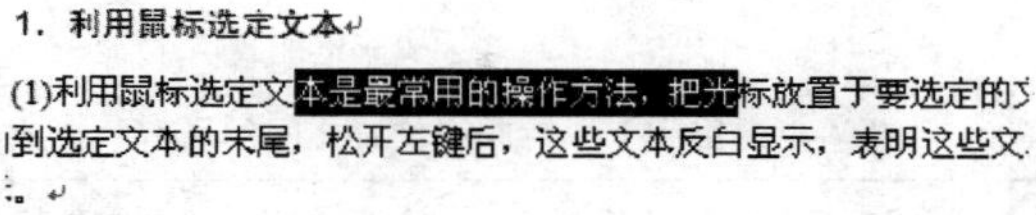

1．利用鼠标选定文本

(1)利用鼠标选定文本是最常用的操作方法，把光标放置于要选定的文到选定文本的末尾，松开左键后，这些文本反白显示，表明这些文

图 3-12　利用鼠标选定文本

（2）在按下 Ctrl 键的同时拖动鼠标可选定不连续的文本，如图 3-13 所示。

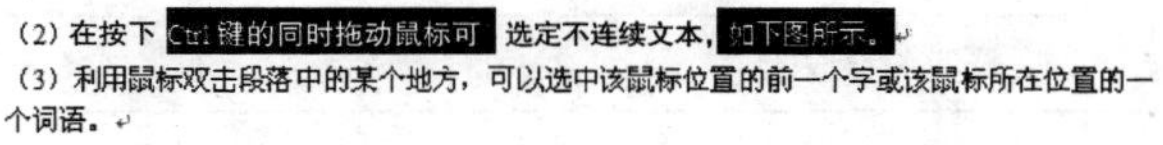

（2）在按下 Ctrl 键的同时拖动鼠标可　选定不连续文本，如下图所示。
（3）利用鼠标双击段落中的某个地方，可以选中该鼠标位置的前一个字或该鼠标所在位置的一个词语。

图 3-13　在按下 Ctrl 键的同时拖动鼠标可选定不连续文本

（3）利用鼠标双击段落中某处，可以选中该处的前一个字或该处的一个词。

（4）利用鼠标快速三击段落中某处，可以选中该处所在的段落。

（5）利用选定栏选定文本

选定栏是位于文档窗口左边界和页面上文本区左边界之间不可见的一栏，当鼠标指针移到选定栏上时，指针形状会自动变成一个指向右上方的箭头，这时单击鼠标左键可以选定指针所指的整行文字，双击鼠标左键可以选定指针所指段的整段文字，三击鼠标左键可以选定正在编辑的文档中的全部文字。

在选定栏中，按下鼠标左键并向上或向下拖动，可以选择连续的几行。

2. 利用键盘选定文本

利用键盘选定文本的组合键及功能见表 3–1。

表 3–1   利用键盘选定文本

组合键名	功能说明
Shift+↑	从插入点选定到上一行同一位置之间的所有字符或汉字
Shift+↓	从插入点选定到下一行同一位置之间的所有字符或汉字
Shift+←	选定插入点左边的一个字符或汉字
Shift+→	选定插入点右边的一个字符或汉字
Shift+Home	从插入点选定到它所在行的开头
Shift+End	从插入点选定到它所在行的末尾
Ctrl+A	选定整个文档

五、移动和复制文本

移动和复制文本是编辑文档时最常用的编辑操作之一。例如，对于重复出现的文本不必一次次地重复输入，可以采用复制的方法快速输入；对于位置不当的文本，可以将其快速移动到满意的位置。

1. 利用鼠标移动或复制文本

如果要在当前文档中短距离移动文本，可以利用鼠标拖动的方法快速移动，具体操作步骤如下：

（1）选定要移动的文本。

（2）将鼠标指针指向选定的文本，当鼠标指针呈现箭头状时按住鼠标左键拖动，拖动时插入点也随之移动。

（3）移动插入点到目标位置，松开鼠标左键，选定的文本就从原来的位置被移动到了新的位置。如果在拖动时同时按住 Ctrl 键，则将执行复制文本的操作。

2. 利用剪贴板移动或复制文本

如果要长距离移动文本，例如将文本从当前页移动到另一页，或者将当前文档中的部分内容移动到另一篇文档中，就可以利用剪贴板来移动文本，具体操作步骤如下：

（1）选定要移动的文本。

（2）单击"开始"选项卡下的"剪切"按钮，或者按 Ctrl+X 组合键，或者在选定区域单击鼠标右键打开快捷菜单选择"剪切"，如图 3-14 所示，此时剪切的内容被暂时放在剪贴板上。

（3）将插入点定位在目标位置，单击"开始"选项卡下的"粘贴"按钮，或者按 Ctrl+V 组合键，或者在选定区域单击鼠标右键打开快捷菜单选择"粘贴"，如图 3-14 所示，选中的文本就会被移动到新的位置。

图 3-14　快捷菜单

如果要进行复制操作，将前述操作中的"剪切"改为"复制"按钮，或者将 Ctrl + X 改为 Ctrl + C 组合键即可。

六、撤销及恢复操作

用户在使用 Word 2010 编辑文档的过程当中，出现错误操作是在所难免的。如果执行了某个错误操作，可以将之撤销，恢复至操作前的状态。对于撤销的操作，还可以再重复执行。例如在删除文本时误删除了不应该删除的文本，在这种情况下，用户可以利用撤销功能恢复被误删除的文本，操作方法如下所述：

（1）打开 Word 2010 文档窗口，当出现错误操作后，执行"快速工具栏"中"撤销"命令，或者按下 Ctrl+Z 组合键即可恢复被误删的文本，如图 3-15 所示。

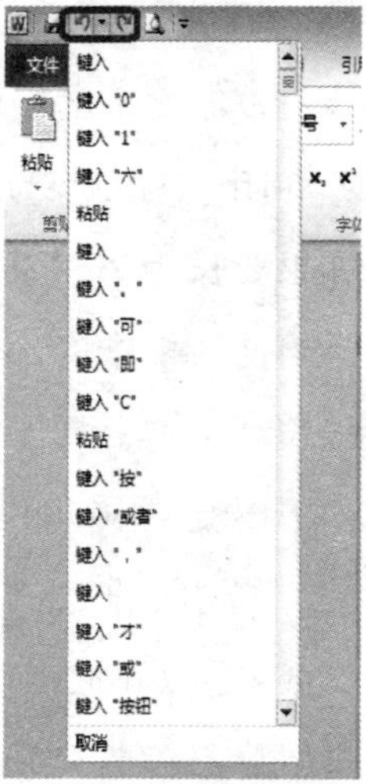

（2）如果用户想回到撤销前的操作

图 3-15　撤销 \ 恢复

状态，可执行"快速工具栏"的"恢复"命令，或者按下 Ctrl+Y 组合键，如图 3-15 所示。

七、查找与替换文本

在一篇比较长的文档中查找某些字词是一项非常艰巨的任务，Word 2010 提供的查找功能可以帮助用户快速查找所需内容。如果需要对多处相同的文本进行改动时，可以利用替换功能来快速对文档中的内容进行修改。

1. 查找文本

（1）将插入点定位在文档中要开始查找的起始处。

（2）单击"开始"选项卡，点击"查找"按钮右侧的下拉按钮，执行"高级查找"命令，打开"查找和替换"对话框，如图 3-16 所示。

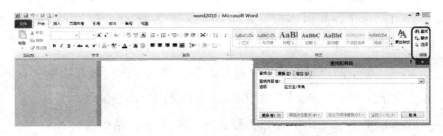

图 3-16　打开"查找和替换"对话框

（3）在"查找内容"文本框中输入要查找的文本。

（4）单击"查找下一处"按钮，系统将从插入点处开始向下查找，直至找到相同的文本，将查找的内容反白显示在屏幕上。继续单击"查找下一处"按钮，将继续查找文档中下一处相关内容。

（5）单击"取消"按钮结束查找。

2. 替换文本

如果一次要替换多个相同的对象，可以使用自动替换功能，具体操作步骤如下：

（1）将插入点定位在文档中要开始替换的起始处。

（2）单击"开始"选项卡，点击"替换"按钮，打开"查找和替换"对话框，如图 3-17 所示。

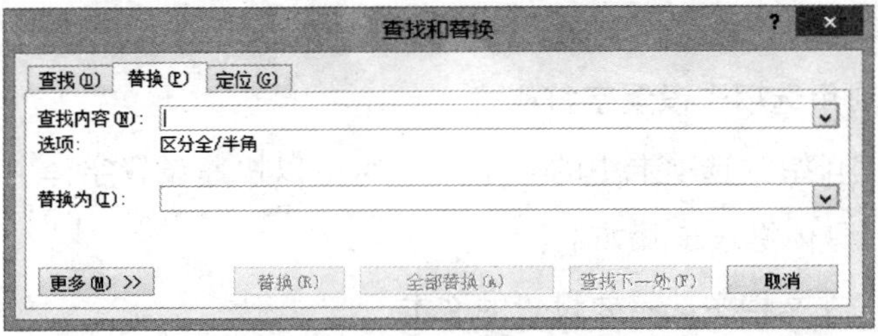

图 3-17　"查找和替换"对话框（替换选项卡）

（3）在"查找内容"文本框中输入要查找的文本，在"替换为"文本框中输入要替换的内容。

（4）单击"查找下一处"按钮，系统将从插入点处开始向下查找，直至找到相同的文本，将查找的内容反白显示在屏幕上。

（5）单击"替换"按钮会替换相应的文本，系统将继续查找，如果查找的内容不是需要替换的内容，可以单击"查找下一处"按钮继续查找。如果单击"全部替换"则系统会替换当前文档中所有查找到的内容。

（6）替换完毕，单击"取消"按钮结束替换。

模块 4　文档格式设置与编排

一、设置字符格式

字符是指作为文本输入的汉字、字母、数字、标点符号及特殊符号等，是文档格式化的最小单元，对字符格式的设置决定了字符在屏幕上或打印时的形式。字符格式包括字体、字号、字形、颜色及特殊的阴影、阴文、阳文等。

1. 利用选项卡设置字符格式

在"开始"选项卡中的"字体"组可以快速设置字体、字号和字形等，具体操作步骤如下：

（1）在文档中选定要设置的文本。

（2）通过选择"开始"选项卡中"字体"组中的字体、字号、加粗、倾斜、下划线等命令，设置字体、字号、字形等，如图 3-18 和图 3-19 所示。

图 3-18　字体、字号、字形

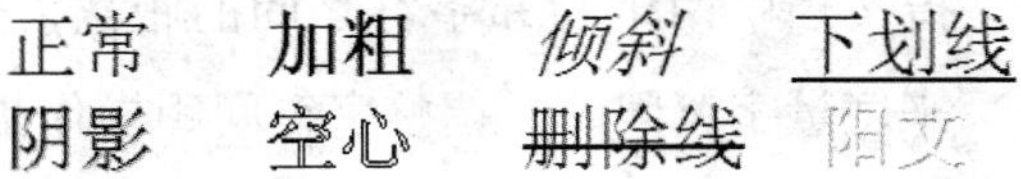

正常　　**加粗**　　*倾斜*　　<u>下划线</u>

阴影　　空心　　~~删除线~~　　阳文

图 3-19　"字形和效果"样例

2. 利用字体对话框设置字符格式

如果用户需要设置的字符格式比较复杂，则可以利用"字体"对话框对字符格式进行设置，具体操作步骤如下：

（1）在文档中选中要设置的文本。

（2）单击"开始"选项卡中"字体"组右下方的字体按钮，打开"字体"对话框，如图 3-20 所示。

（3）设置字体、字形、字号后单击"确定"按钮。

图 3-20 "字体"对话框

3. 设置字符间距

字符间距是指文档中两个相邻字符之间的距离。通常情况下，采用单位"磅"来度量字符间距。调整字符间距操作指的是按照用户规定的值均等增大或缩小所选文本中字符之间的距离，具体操作步骤如下：

（1）选中要设置字符间距的文本。

（2）单击"开始"选项卡中"字体"组右下方的按钮，打开"字体"对话框，单击"高级"选项卡，如图 3-21 所示。

（3）在"间距"下拉列表中选择"标准""加宽"或者"紧缩"。

（4）在其后的"磅值"文本框中选择或输入相应的值，在"预览"窗口中可预览设置字符间距后的效果。

（5）单击"确定"按钮。

图 3-21　"字体"对话框（高级）

二、设置段落格式

段落是以段落标记为结束符的一段文字，是独立的信息单位。字符格式表示的是文档中局部文本的格式效果，而段落格式的设置则将帮助用户设计文档的整体外观。

在设置段落格式时，可以将鼠标定位在要设置格式的段落中，然后再进行设置。当然，如果要同时对多个段落进行设置，则应先选定这些段落。

1. 设置段落对齐格式

段落对齐直接影响文档的版面效果，段落对齐方式分为水平对齐方式和垂直对齐方式。

（1）水平对齐方式。段落的水平对齐方式控制了段落中文本行的排列方式，段落的水平对齐方式有：两端对齐、左对齐、右对齐、居中、分散对齐。

执行对齐操作时，选择要设置对齐格式的段落，单击"开始"选项卡"段落"组中对应的对齐方式按钮即可，如图3-22所示。

也可以选择要设置对齐格式的段落，单击"开始"选项中"段落"组右下方的按钮，打开"段落"对话框，单击"缩进和间距"选项卡，在"对齐方式"下拉列表中选择相应的对齐方式，如图3-23所示。

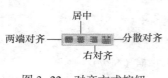

图3-22　对齐方式按钮　　　　　　　图3-23　对齐方式

（2）垂直对齐方式。将插入点定位在文档的任意位置，单击"页面布局"选项卡中"页面设置"组右下方的按钮，打开"页面设置"对话框，单击"版式"选项卡，在"垂直对齐方式"下拉列表中选择相应的对齐方式，如图3-24所示。

2. 设置段落缩进

Word中段落缩进是指文本与页面边界之间的距离。段落缩进有4种格式：左缩进、右缩进、首行缩进和悬挂缩进（除第一行之外其他行的起始位置）。设置段落的缩进方式有多种方法，但设置前一定要选中段落或将光标放到要进行缩进的段落内。

左缩进：选中的段落向右侧偏移一定距离。

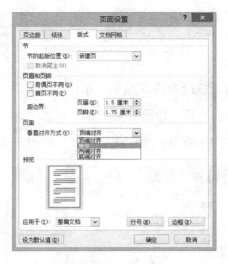

图 3-24　选择垂直对齐方式

右缩进：选中的段落向左侧偏移一定距离。

首行缩进：段落的第一行向内缩进的距离，中文习惯首行缩进为 2 个汉字的宽度。

悬挂缩进：段落中除开第一行的每一行文字向内缩进。

（1）利用选项卡设置段落缩进。单击"开始"选项卡中的"段落"组中"减少缩进量"或"增加缩进量"按钮，如图 3-25 所示，可以调整段落的缩进量。

减少缩进量—— 　　——增加缩进量

图 3-25　设置缩进量按钮

（2）利用水平标尺设置段落缩进。在水平标尺上，有 4 个段落缩进滑块：首行缩进、悬挂缩进、左缩进以及右缩进，如图 3-26 所示。按住鼠标左键拖动它们即可完成相应的缩进，如果要精确缩进，可在拖动的同时按住 Alt 键，此时标尺上会出现刻度。

图 3-26　标尺上的缩进滑块

（3）利用对话框设置段落缩进。单击"开始"选项卡"段落"组右下方的按钮，打开"段落"对话框，单击"缩进和间距"选项卡，在"缩进"组中设置段落的缩进选项，如图 3-27 所示。

图 3-27　在"段落"对话框中设置缩进选项

3. 设置段落间距和行间距

段落间距是指两个段落之间的间隔，设置合适的段落间距可以增强文档的可读性。行间距是一个段落中行与行之间的距离。

（1）设置段落间距。选择要设置间距的段落，单击"开始"选项卡"段落"组右下方的按钮，打开"段落"对话框，单击"缩进和间距"选项卡，在"间距"组中设置段落的间距，如图 3-28 所示。

（2）设置行间距。选择要设置间距的段落，单击"开始"选项卡"段落"组右下方的按钮，打开"段落"对话框，单击"缩进和间距"选项卡，在"间距"组中设置行间距，如图 3-29 所示。

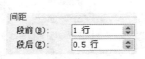

图 3-28　设置段落间距　　　　图 3-29　设置行间距

4. 设置项目符号和编号

在文档中，为了使相关的内容更加醒目且有序，经常要用到项目符号和编号。

（1）设置编号。在文档中使用编号主要是为了使段落层次清楚，要为段落添加编号，应先选择要创建编号的段落，然后单击"开始"选项卡"段落"组中"编号"按钮 ≔ᐟ，便可把当前默认的编号格式应用于所选中的段落。

（2）设置项目符号。要为段落添加项目符号，应先选择要创建项目符号的段落，然后单击"开始"选项卡"段落"组中"项目符号"按钮 ≔ᐟ，便可把项目符号应用于所选中的段落。

5. 设置边框和底纹

为了使某些文本或段落更加美观、醒目，可以为文本添加边框或底纹，样例如图 3-30 所示。

文本底纹文本底纹文本底纹文本底纹文本底纹

文本边框文本边框文本边框文本边框文本边框

图 3-30 "边框和底纹"样例

（1）设置边框。利用"开始"选项卡"字体"组中的"字符边框"按钮 Ⓐ，可以为选定的一个或多个字符添加默认边框。

如果要设置复杂边框，可以利用"边框和底纹"对话框设置，具体步骤如下：

1）选中要添加边框的文本。

2）单击"开始"选项卡"段落"组中"边框和底纹"按钮旁边的箭头，在打开的下拉菜单中单击"边框和底纹"按钮，如图 3-31 所示，打开"边框和底纹"对话框，如图 3-32所示。

图 3-31 "边框和底纹"按钮

3）在"边框"选项卡中可以为文本设置各种边框。

（2）设置底纹。利用"开始"选项卡"字体"组中的"字符底纹"按钮 Ⓐ，可以为选定的一个或多个字符添加默认底纹。如果要设置多样式的底纹，可以利用"边框和底纹"对话框设置，具体步骤如下：

1）选中要添加底纹的文本。

图 3-32　"边框和底纹"对话框

2）单击"开始"选项卡"段落"组中"边框和底纹"按钮旁边的箭头，在打开的下拉菜单中单击"边框和底纹"按钮，如图 3-31 所示，打开"边框和底纹"对话框，如图 3-32 所示。

3）在"底纹"选项卡中可以为文字或段落设置各种颜色、各种式样的底纹，如图 3-33 所示。

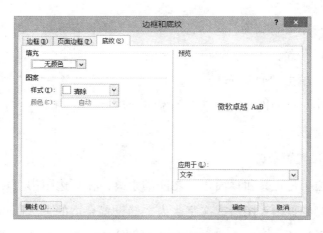

图 3-33　"底纹"选项卡

模块 5　文档版面的编排

在编辑需要打印或有特殊格式要求的文档时，应该首先对文档的页面进行设置，然后再对文档的版面进行编排，最后执行打印操作。

一、页面设置

创建一篇新的文档，系统会默认给出纸张大小、页边距、纸张方向等。如果制作的文档对页面有特殊的要求或者需要打印，就要对页面进行设置。

1. 设置纸张大小

系统默认的是"A4"纸，可以根据需要选择纸张大小，还可以自定义纸张的大小。

（1）单击"页面布局"选项卡下"页面设置"组中的"纸张大小"进行设置。

（2）单击"页面布局"选项卡下"页面设置"组右下角的按钮，打开"页面设置"对话框，选择"纸张"选项卡进行设置，如图 3-34 所示。

2. 设置页边距

页边距是正文和页面边缘之间的距离，在页边距中可以插入页眉、页脚和页码等图形或文字，为文档设置合适的页边距可以使打印出的文档整齐美观。只有页面视图中才能看到页边距的效果，因

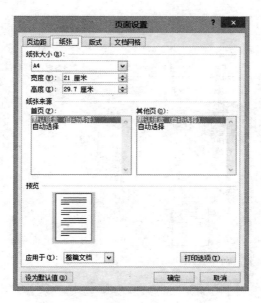

图 3-34　"纸张"选项卡

此在设置页边距时应在页面视图中进行。

（1）单击"页面布局"选项卡下"页面设置"组中的"页边距"进行设置。

（2）单击"页面布局"选项卡下"页面设置"组右下角的按钮，打开"页面设置"对话框，选择"页边距"选项卡进行设置，如图 3-35 所示。

3. 分栏

分栏就是将整篇文档或文档的一部分设置成多个栏，能使文档更具可读性，具体步骤如下：

（1）选中要分栏的文本。

（2）单击"页面布局"选项卡下"页面设置"组中的"分栏"

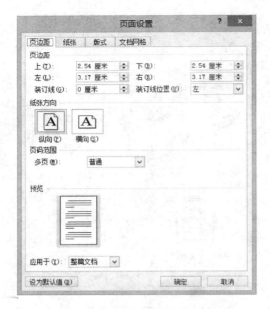

图 3-35　"页边距"选项卡

下拉按钮，在弹出的下拉菜单中单击"更多分栏"按钮，打开"分栏"对话框，如图 3-36 所示。

（3）在"分栏"对话框中对栏数、栏宽、间距进行设置。

（4）设置完成后单击"确定"按钮。

二、在文档中应用艺术字

艺术字是指将文字经过各种特殊的着色、变形处理得到的艺术化的文字。在 Word 中可以创建出各种各样的艺术字，并可作为一个对象插入到文档中，操作步骤如下：

（1）将插入点定位到文档中需要插入艺术字的位置。

（2）选择"插入"选项卡下"文本"组中的"艺术字"按钮，

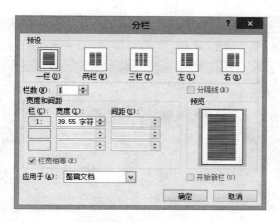

图 3-36　"分栏"对话框

在预设艺术字样式面板中选择艺术字样式，如图 3-37 所示。

（3）选择艺术字样式后系统弹出"绘图工具"—"格式"选项卡，并要求输入艺术字文本，如图 3-38 所示。

（4）在"绘图工具"—"格式"选项卡中设置形状样式和艺术字样式，单击文档任意位置完成艺术字的设置，如图 3-39 所示。

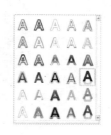

图 3-37　选择艺术字样式

三、在文档中应用图片

1. 插入剪贴画

（1）把插入点定位到要插入剪贴画的位置。

（2）选择"插入"选项卡，单击"插图"组中的"剪贴画"按钮，打开"剪贴画"任务窗格，如图 3-40 所示。

图 3-38 "绘图工具"—"格式"选项卡

图 3-39 艺术字效果

图 3-40 "剪贴画"任务窗格

（3）在"剪贴画"任务窗格的"搜索文字"文本框中输入要插入剪贴画的主题。

（4）单击"搜索"按钮。

（5）选择需要的剪贴画，即可将其插入到文档中。

2. 插入文件中的图片

（1）把插入点定位到要插入图片的位置。

（2）选择"插入"选项卡，单击"插图"组中的"图片"按钮，打开"插入图片"对话框，如图 3-41 所示。

图 3-41　"插入图片"对话框

（3）在路径中查找要插入图片的位置，选择要插入的图片，单击"插入"，选中的图片即被插入到文档中。

3. 编辑图片

图片插入文档后，可以根据排版的需要进行编辑修改，如改变图片大小、对图片进行剪裁等。

在文档中插入图片后，会自动转到"图片工具-格式"选项卡，如图 3-42 所示。

（1）设置图片位置和文字环绕方式。可在"图片工具-格式"

图 3-42 "图片工具-格式"选项卡

选项卡的"排列"组中单击"位置"按钮后弹出的下拉列表中进行选择以设置图片位置，在单击"自动换行"按钮后弹出的下拉列表中进行选择以设置图片环绕方式。

也可单击"位置"下拉列表中"其他布局选项"打开"布局"对话框，在对应选项卡中设置图片位置和环绕方式，如图 3-43 所示。

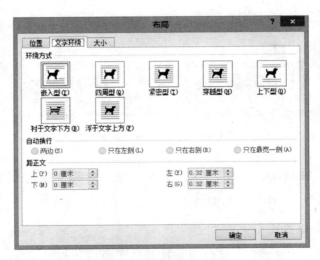

图 3-43 "布局"对话框

（2）调整图片大小

1）使用鼠标调整图片大小。单击鼠标选中图片，把鼠标移到图片四个角的控制点上，这时指针变成斜向的双向箭头，按住左键拖动即可调整图片大小。

把鼠标移到图片四条边上的控制点，指针变成横向或纵向的双向箭头，接着左键拖动鼠标可单独改变图片的宽度或高度。

2）使用"布局"对话框调整图片大小。在"布局"对话框中选择"大小"选项卡进行设置，如图 3-44 所示。

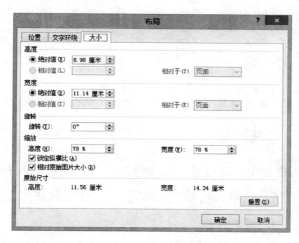

图 3-44　使用"布局"对话框调整图片大小

四、在文档中绘制图形

在 Word 2010 中不但可以插入外部图片，而且可以轻松、快速地绘制各种外观专业、效果生动的图形。

选择"插入"选项卡，单击"插图"组中的"形状"按钮，打开"形状"下拉列表，如图 3-45 所示。

单击要绘制的图形按钮，使用鼠标左键在屏幕上拖动，即可绘制出不同形状的自选图形，如图 3-46 所示。

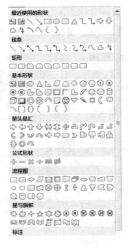

可以输入文字

图 3-45 "形状"列表　　　　图 3-46 自选图形

在自选图形中，除直线、线条等图形外，在其他所有图形中都可以添加文字。只要右击绘制的图形，在打开的快捷菜单中选择"添加文字"命令即可。

五、添加页眉和页脚

页眉和页脚是打印在文档每页的上页边区和下页边区中的注释性文本或图形，不随文档输入。

页眉和页脚必须在页面视图或打印预览状态下才能看到。页眉和页脚的插入、修改、删除都必须在页眉和页脚的编辑状态下进行。

1. 插入页眉和页脚

页眉和页脚与文档处于不同的层次上，因此，在编辑页眉和页脚时不能编辑文档，在编辑文档正文时也不能编辑页眉和页脚。插入页眉和页脚的具体步骤如下：

（1）将插入点定位在文档任意位置。

（2）单击"插入"选项卡下"页眉和页脚"组中"页眉（页脚）"按钮，在弹出的下拉菜单中选择预设的页眉（页脚）或者选择"编辑页眉（页脚）"，进入页眉（页脚）编辑模式，如图 3-47 所示。

2. 插入页码

单击"页眉和页脚"组中"页码"按钮，在弹出的菜单中设置页码的插入方式，如图 3-48 所示。

图 3-47　"页眉"下拉菜单

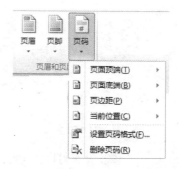

图 3-48　"页码"菜单

六、文档的打印

在计算机安装了打印机的情况下，可以将编排好的文档打印出来，利用打印预览功能可在打印之前就看到打印的效果。

1. 打印预览

打印预览是显示文档打印效果的一种特殊视图。在打印预览视图中可以任意缩放页面的显示比例，也可以同时显示多个页面。

单击"文件"选项卡中的"打印"按钮或者单击标题栏中的"打印预览和打印"按钮 ，即进入打印预览视图，在该视图中可进行打印设置，如图3-49所示。

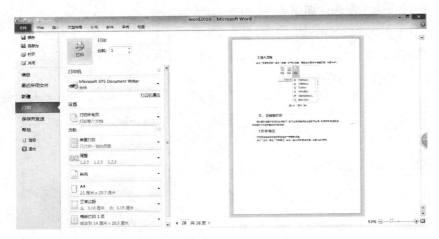

图3-49　打印预览视图

2. 快速打印

如果想快速打印文档，可直接单击标题栏上的"快速打印"按钮 ，按 Word 2010 默认的设置进行打印。

3. 一般打印

如果默认的打印设置不能满足用户的需求，可以通过以下方式对打印的具体方式进行设置。

　　单击"文件"选项卡中的"打印"按钮，在右侧弹出的选项卡中设置打印份数、打印范围、单双面打印等，如图 3-50 所示。

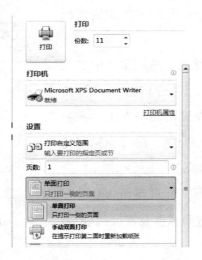

图 3-50　打印设置

模块 6　在文档中应用表格

　　表格是编辑文档时常用的文字信息组织形式，在实际工作中，用户经常会在文档中插入表格来表达一些综合性信息。表格中一行和一列相交的方框称为"单元格"，是表格编辑的基本单位。

一、创建表格

1. 利用表格按钮创建表格

　　利用"插入"选项卡"表格"组中的"表格"按钮可以快速创

建表格，用此种方法创建的表格不能设置自动套用格式，不能设置行高列宽，而是需要在创建后重新调整，具体步骤如下：

（1）将插入点定位在文档中需要插入表格的位置。

（2）单击"插入"选项卡中的"表格"按钮，此时在下拉列表上出现一个网格，移动鼠标左键沿网格左上角向右拖动可指定表格的列数，向下拖动可指定表格的行数，如图3-51所示。

（3）单击鼠标，即可在插入点绘制一个平均分配各行列宽度及高度的表格，如图3-52所示。

图3-51 "表格"
下拉列表框

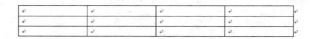

图3-52 "表格"按钮创建的表格

2. 利用"插入表格"对话框创建表格

利用"插入表格"对话框创建的表格可以设置表格列宽。

（1）将插入点定位在文档中需要插入表格的位置。

（2）单击"插入"选项卡"表格"下拉列表中"插入表格"按钮，打开"插入表格"对话框，如图3-53所示。

图3-53 "插入表格"对话框

（3）对行数、列数、列宽进行设置。

（4）单击"确定"完成设置。

在利用"插入表格"对话框创建表格时，可以根据需要在"自动调整"操作区对表格的列宽进行设置。

1）固定列宽：可以在数值框中输入或者选择列宽。

2）根据内容调整表格：可以使列宽随每一列中输入的内容而自动调整。

3）根据窗口调整表格：可以使表格的宽度等于正文区的宽度。

3. 自由绘制表格

Word 提供了用鼠标自由绘制表格的功能。

（1）单击"插入"选项卡"表格"下拉列表中的"绘制表格"按钮，此时鼠标指针变成铅笔形状。

（2）在文档窗口中按住鼠标左键拖动鼠标，即可绘制表格。

（3）在"表格工具"—"设计"选项卡中单击"擦除"按钮，鼠标指针变成橡皮形状，此时按住鼠标左键并拖动经过要删除的框线，就可以删除表格的框线，如图 3-54 所示。

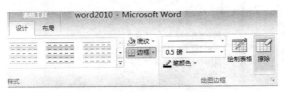

图 3-54　"擦除"按钮

二、在表格中输入数据

1. 输入数据

用鼠标单击某单元格，插入点移入该单元格即可输入文本。每个单元格都是一个独立的编辑区域，在单元格中输入文本的方法与在表格外的编辑区中输入文本的方法是一样的。当输入的内容超过单元格的右侧边界时会自动换行，当输入内容的行数超过单元格的高度时会自动增加表格的行高。按下"Enter"键，在单元格中开始一个新的段落。

若要将插入点移至后一单元格，可按"Tab"键；若要将光标移至上一行或下一行单元格，可按向上或向下的方向键；若要在表格末添加一行，可在表格最后一行末尾的单元格按下"Tab"键；若要开始一个新的段落，直接按"Enter"键。

2. 表格与文本之间的转换

（1）将文本转换为表格

1）选中要转换为表格的文本。

2）在"插入"选项卡"表格"下拉列表中单击"文本转换成表格"按钮，打开"将文字转换成表格"对话框，如图3-55所示。

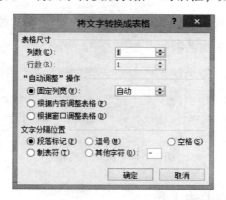

图3-55 "将文字转换成表格"对话框

3）"列数"和"行数"文本框中显示系统默认的列数和行数，

也可以在文本框中选择或输入所需要的列数和行数。

4）单击"确定"按钮，选中的文本将自动转换为一个表格。

（2）将表格转换成文本

1）将插入点定位在表格中任意单元格中。

2）单击"表格工具"—"布局"选项卡中的"转换为文本"按钮，打开"表格转换成文本"对话框，如图 3-56 所示。

3）在"文字分隔符"区域选中相应的文字分隔符。

4）单击"确定"按钮，表格将转化为普通文本。

图 3-56　"表格转换成文本"对话框

三、调整表格结构

1. 选定单元格

选定单元格是编辑表格的最基本操作之一，在对表格的单元格、行或列进行操作时必须先选定它们，具体方法见表 3-2。

表 3-2　　　　　　　　　　　选定单元格

类型	操作说明
选定一个单元格	将鼠标指针移到该单元格左边线偏右，当指针变为向右斜的箭头时，单击
选定一行	将鼠标指针移到该行左边框外（偏左），当指针变为向右斜的箭头时，单击
选定一列	将鼠标指针移到该列上边框，当指针变为向下的箭头时，单击

类型	操作说明
选定多个单元格、多行或多列	在要选定的单元格、行或列上拖动鼠标；或者，先选定某个单元格、行或列，然后在按下 Shift 键的同时单击其他单元格、行或列
选定下一个单元格中的文本	按 Tab 键
选定上一个单元格中的文本	按 Shift+Tab 组合键
选定整张表格	方法1：单击该表格，然后按 Alt+5 组合键(5位于数字键盘上，Num Lock 必须关闭) 方法2：将鼠标指针移到表格的左上角出现表格"移动控制点"图标（带有箭头的十字外加边框），在其上单击

2. 拆分和合并单元格

（1）表格的拆分是指将一个单元格拆分为若干个单元格而不影响其他单元格，具体操作步骤如下：

1）单击要拆分的单元格。

2）右击，在弹出的快捷菜单中单击"拆分单元格"按钮，弹出"拆分单元格"对话框。或者单击"表格工具"—"布局"选项卡中"合并"组中的"拆分单元格"按钮，弹出"拆分单元格"对话框，如图3-57所示。

3）在"拆分单元格"窗口中输入要拆分的列数和行数，单击"确定"即可。

（2）在调整表格结构时，如果需要将几个单元格合并成一个单元格，具体操作步骤如下：

1）选中要合并的单元格。

2）右击，在弹出的快捷菜单中单击"合并单元格"按钮。或者单击"表格工具"—"布局"选项卡"合并"组中的"合并单元格"按钮，即可将几个单元格合并成一个单元格。

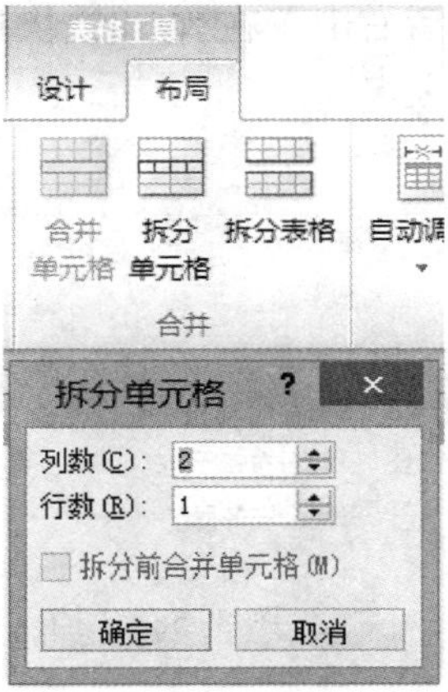

图 3-57　"拆分单元格"
对话框

3. 插入行、列、单元格

在表格中可以插入行、列或单元格，甚至可以在表格中插入表格。插入行、列或单元格时选定位置的内容会下移或右移，插入的区域占据移动的区域位置，插入单元格可能会使表格变得参差不齐。

如果希望在表格的某一位置插入行、列或单元格，应首先将光标定位在对应位置，然后右击，在弹出的快捷菜单中选择"插入"选项，弹出"插入"列表，如图 3-58 所示。下拉列表中各命令功能如下：

（1）在左侧插入列：在插入点所在列的左侧插入新列。

（2）在右侧插入列：在插入点所在列的右侧插入新列。

（3）在上方插入行：在插入点所在行的上方插入新行。

（4）在下方插入行：在插入点所在行的下方插入新行。

（5）插入单元格：打开"插入单元格"对话框，如图 3-59 所示。

4. 删除行、列、单元格或整个表格

（1）如果要删除表格的行或列，应首先选定要删除的行或列，

然后右击，在弹出的快捷菜单中选择"删除行"或者"删除列"命令。

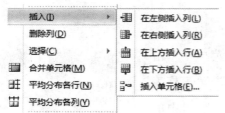

图 3-58 "插入"菜单

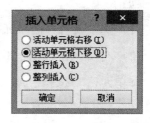

图 3-59 "插入单元格"对话框

（2）如果要删除某一个单元格，首先应选定要删除的单元格，然后右击，在弹出的快捷菜单中选择"删除单元格"，弹出"删除单元格"对话框，如图 3-60 所示，选择单选按钮后单击"确定"按钮即可执行对应操作。

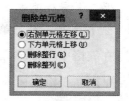

图 3-60 "删除单元格"对话框

（3）如果要删除整个表格，首先应将插入点定位在表格内，单击"表格工具"—"布局"选项卡"行和列"组中的"删除"按钮，打开下拉菜单，单击"删除表格"按钮，如图 3-61 所示。

5. 调整表格的行高和列宽

对于已有的表格，为了突出显示标题行的内容或者让各列的宽度与内容相符，可以调整行高和列宽。

（1）自动调整行高和列宽。将插入点定位到表格中，单击"表格工具"—"布局"选项卡"单元格大小"组中的"自动调整"按钮，在下拉菜单中选择相应的选项，如图 3-62 所示。

图 3-61　"删除表格"选项　　　图 3-62　"自动调整"子菜单

（2）使用鼠标调整行高和列宽

1）调整列宽：将指针停留在要更改其宽度的列的侧边线上，直到指针变为 ↔，拖动边线直到得到所需的列宽为止。

2）调整行高：将指针停留在要更改其高度的行的上或下边线上，直到指针变为 ↕，拖动边线直到得到所需的行高为止。

（3）精确调整行高和列宽。将插入点定位到表格中要调整的行（列）中的任意一个单元格上，在"表格工具"—"布局"选项卡"单元格大小"组中的"高度"和"宽度"栏中输入相应的值即可。

6. 移动、复制表格

（1）移动表格。将鼠标指针指向表格，表格左上角就会出现一个十字箭头的移动标记 ⊞，用鼠标拖动移动标记，即可将整个表格拖放到任意位置。

（2）复制表格。复制表格的方法与复制文本的方法相同，即先选定要复制的表格，然后使用"复制"和"粘贴"命令将其复制到指定位置。

四、美化表格

1. 设置表格中的文本

（1）设置文字方向。默认状态下，表格中的文本都是横向排列的，在特殊情况下可以更改表格中文字的排列方向。选择要设置的单元格，右击，在弹出的快捷菜单中点击"文字方向"按钮，打开"文字方向"—"表格单元格"对话框，如图3-63所示，选择文字方向后单击"确定"即可。

图3-63 "文字方向"—"表格单元格"对话框

（2）设置单元格中文本的对齐方式。单元格默认的对齐方式为"靠上两端对齐"，但单元格中的内容较少不能填满单元格时，这种对齐方式会影响整个表格的美观，用户可选中要设置文本对齐的单元格，在选定单元格上右击鼠标，打开快捷菜单，单击"单元格对齐方式"按钮，在弹出的子菜单中选择对齐方式，如图3-64所示。

2. 自动套用表格格式

在为表格设置格式时，可以使用自动套用格式来快速完成，具体步骤如下：

图 3-64　"单元格对齐方式"子菜单

（1）把插入点定位到要设置的表格中。

（2）单击"表格工具"—"设计"选项卡中"表格样式"组右下角的"其他"按钮，打开表格样式下拉列表，如图 3-65 所示。

（3）在表格样式下拉列表中选择合适的表格格式。

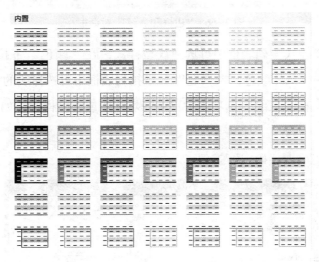

图 3-65　表格样式下拉列表

3. 设置表格边框和底纹

（1）选定要设置边框的单元格或整个表格。

（2）右击，在弹出的快捷菜单中单击"边框和底纹"按钮，打开"边框和底纹"对话框，如图 3-66 所示。

（3）在"边框"选项卡下"设置"选项区域中可选择边框样

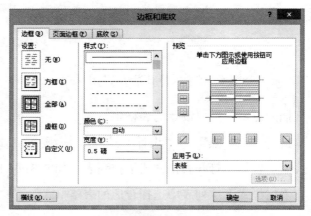

图 3-66 "边框和底纹"对话框

式，在"样式"列表框中可选择线型样式，在"颜色"下拉列表框中可选择线条的颜色，在"宽度"下拉列表框中可选择线的宽度值。

（4）在"底纹"选项卡中可选择填充色或图案样式，如图 3-67 所示。

（5）单击"确定"按钮。

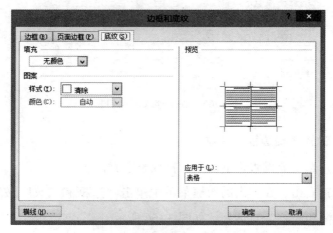

图 3-67 "底纹"选项卡

模块 7　文档的高级编排

Word 2010 提供了一些高级的文档编辑和排版手段，例如可以应用样式快速格式化文档，可以对文档中的文本添加脚注和尾注等，这些编辑和排版手段为文字处理提供了强大的支持。

一、脚注和尾注

脚注和尾注一样，是一种对文本的补充说明。脚注和尾注都不是正文，但它们是文档的一个组成部分。

1. 插入脚注和尾注

脚注一般位于页面的底部，多用于文档中难以理解部分的详细说明，可以作为文档某处内容的注释；尾注一般位于整篇文档的末尾，多用于说明引用文献的出处等。

脚注和尾注由两个关联的部分组成，包括注释引用标记和其对应的注释文本。在对 Word 文档进行排版时，用户可能需要在文档中插入脚注以及尾注，具体步骤如下：

（1）选中需要添加脚注或尾注的字词。

（2）单击"引用"选项卡中"脚注"组右下角的按钮，打开"脚注和尾注"对话框，如图 3-68 所示。

（3）在"位置"区域选择脚注或尾注及插入位置。

（4）在"格式"区域设置编号格式、自定义标记、起始编号及编号方式。

（5）单击"插入"按钮，此时光标会自动跳至本页的末尾（脚注）或文档的结尾（尾注）并插入注释标记，此时即可输入脚注或尾注的内容。

图 3-68 "脚注和尾注"对话框

2. 移动、删除脚注或尾注

如果在插入脚注或尾注时不小心弄错了位置，可以使用移动脚注或尾注位置的方法来改变脚注或尾注的位置。移动脚注或尾注只需用鼠标选定要移动的脚注或尾注的注释标记，并将它拖动到所需的位置即可。

删除脚注或尾注只需选定需要删除的脚注或尾注的注释标记，然后按下"Delete"键即可。进行过移动或删除操作后，Word 2010会自动重新调整脚注或尾注的编号。

二、批注

批注是添加到独立的批注窗口中的文档注释或者注解，当审阅者只是评论文档，而不直接修改文档时要插入批注，因为批注并不影响文档的内容。批注是隐藏的文字，Word 会为每个批注自动赋予不重复的编号和名称。

1. 插入批注

（1）将光标移到要插入批注的位置或者选定要插入批注的文本。

（2）单击"审阅"选项卡中"批注"组的"新建批注"按钮，

出现如图 3-69 所示的批注窗口。

（3）在批注窗口中输入批注内容。

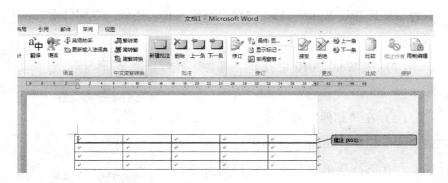

图 3-69　新建批注

2. 显示或隐藏批注

若要显示或隐藏文章中的批注，可单击"审阅"选项卡"修订"组中"显示标记"按钮旁边的三角形按钮，在下拉菜单中单击"批注"以切换是否显示批注，打钩即显示，否则即隐藏，如图 3-70 所示。

3. 删除批注

只需右键单击文章批注处，在弹出的右键菜单中单击"删除批注"按钮即可。

图 3-70　显示批注

三、邮件合并

使用邮件合并功能前应先建立两个文档：一个包括所有文件共有内容的 Word 格式的主文档（如未填写的信封、表格等）和一个包括变化信息的 Excel 格式的数据源（填写收件人、发件人、邮编等），然后使用邮件合并功能，便可在主文档中插入信息，合成后的文件可以保存为 Word 文档，也可以打印出来，还可以以邮件形式发送出去。具体步骤如下：

（1）在 Word 2010 中打开"邮件"选项卡。

（2）在"邮件"选项卡上的"开始邮件合并"组中，单击"开始邮件合并"按钮，并在下拉菜单中单击"邮件合并分步向导"按钮，打开"邮件合并"任务窗格，如图 3-71 所示。

（3）首先执行"邮件合并分步向导"的第 1 步操作（总共有 6 步）。在"选择文档类型"选项区域中，选择一个希望创建的输出文档类型（一般选"信函"单选按钮）。

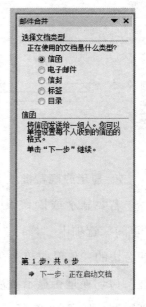

图 3-71　邮件合并向导

（4）单击"下一步：正在启动文档"超链接，进入"邮件合并分步向导"的第 2 步，在"选择开始文档"选项区域中选中"使用当前文档"单选按钮，以当前文档作为邮件合并的主文档。

（5）单击"下一步：选取收件人"超链接，进入"邮件合并分步向导"的第 3 步，在"选择收件人"选项区域中选中"使用现有列表"单选按钮，然后单击"浏览"超链接，打开"选取数据源"对话框。

（6）在打开的对话框中选择相应的 Excel 工作表文件，然后单击"打开"按钮，弹出"选择表格"对话框，在对话框中选择相应的工作表名称，单击"确定"按钮，打开"邮件合并收件人"对话框。

（7）在打开的"邮件合并收件人"对话框中可以对需要合并的收件人信息进行修改。然后，单击"确定"按钮，完成现有工作表的链接工作。

（8）选择了收件人列表之后，单击"下一步：撰写信函"超链接，进入"邮件合并分步向导"的第 4 步，如果用户此时还未撰写信函的正文部分，可以在活动文档窗口中输入文本，这部分文本在所有输出文档中都会保持一致。如果需要将收件人信息添加到信函中，应先将鼠标指针定位在文档中的合适位置，然后单击"地址块""问候语"等超链接。

（9）在"邮件"选项卡"编写和插入域"组中点击"插入合并域"按钮，在"域"列表框中，选择要添加到邀请函中邀请人姓名所在位置的域，单击"插入"按钮，如图 3-72 所示。

（10）插入所需的域后，关闭"插入合并域"对话框。文档中的相应位置就会出现已插入的域标记。

图 3-72 "插入合并域"对话框

（11）预览并处理输出文档后，单击"下一步：完成合并"超链接，进入"邮件合并分步向导"的最后一步。

（12）打开"合并到新文档"对话框，在"合并记录"选项区域中，选中"全部"单选按钮，然后单击"确定"按钮，如图3-73所示。

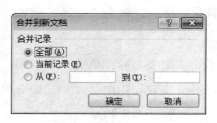

图3-73 "合并到新文档"对话框

这样，Word会将数据源中存储的收件人信息自动添加到正文中，并合并生成一个新文档。

第 4 单元

电子表格软件Excel 2010

模块 1　Excel 2010 简介

Excel 2010 是 Microsoft Office 2010 的组件之一，主要用来处理电子表格。

Excel 2010 具有强大的数据计算与分析功能，可以将数据以表格及各种图表的形式表现出来，不但可以用于日常事务处理，而且被广泛应用于金融、经济、财会、审计和统计等领域。

一、Excel 2010 的工作窗口界面

Excel 2010 的工作界面主要由标题栏、功能选项卡、功能区、编辑栏、工作表格区和工作表标签等元素组成，其工作窗口界面如图 4-1 所示。

1. 标题栏

标题栏位于工作窗口界面的最上方，左侧包含快速访问工具栏 ；中间包含所编辑的工作簿名称及用来指示当前所使用的软件名称；右侧包含窗口最小化按钮 、最大化按钮 和关闭按钮 ，如图 4-2 所示。

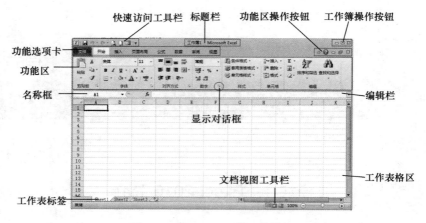

图 4-1 Excel 2010 的工作界面

图 4-2 标题栏

2. 功能选项卡

功能选项卡一般在标题栏的下方，默认包括"文件""开始""插入""页面布局""公式""数据""审阅"和"视图"8 个功能选项卡，包含了 Excel 的全部功能，如图 4-3 所示。

图 4-3 功能选项卡

3. 功能区

功能区在功能选项卡的下方，每个功能区根据功能的不同分为若干命令组，命令组中又包括各种命令按钮。功能区及命令组涵盖了 Excel 的各种功能，如图 4-4 所示。

命令组

图 4-4　功能区

4. 编辑栏

Excel 2010 的编辑栏区域主要包括编辑栏和"输入确认"按钮 ☑、"取消输入"按钮 ✖ 及"插入函数"按钮 ƒₓ，用于用户输入和修改工作表数据。当某个单元格成为活动单元格时，用户输入的数据将在该单元格与编辑栏中同时显示，如图 4-5 所示。

图 4-5　编辑栏

5. 工作表格区

工作表格区位于 Excel 2010 窗口框架中，包含了所有可用于编辑的单元格。

6. 工作表标签

工作表标签位于工作簿窗口底部，用于显示和标记工作簿中的所有工作表。工作表标签的默认名称为"Sheet"加数字，如"Sheet1""Sheet2""Sheet3"，如图 4-6 所示。

7. 名称框

名称框用于显示当前工作表中活动单元格的名称。当某个单元

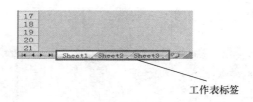

工作表标签

图 4-6　工作表标签

格成为活动单元格时，其名称就出现在名称框中，如图 4-7 所示。

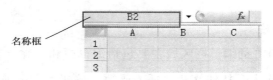

名称框

图 4-7　名称框

二、Excel 2010 的操作对象

1. 工作簿和工作表

在 Excel 中，一个 Excel 文件就是一个工作簿，工作表是显示在工作簿窗口中的表格，在 Excel 中用来存储和处理数据。每一个工作簿中可以包含多个工作表，一个工作簿中最多可以包含 255 张工作表。如果将工作簿看成一个记账的笔记本，那么工作表就相当于笔记本中的一页。

2. 行与列

Excel 2010 使用字母标识列，从 A 到Ⅳ，共 256 列，这些字母称为列标；使用数字标识行，从 1 到 65 536，共 65 536 行，这些数字称为行号。在 Excel 工作表的上方与左方显示了工作表的列标和行号，单击列标可以选择整列，单击行号可以选择整行，如图 4-8 所示。

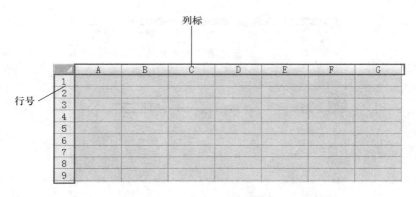

图 4-8　工作表的行与列

3. 单元格

在 Excel 2010 中的每一张工作表都是由多个长方形的"存储单元"组成，这些长方形的"存储单元"就是单元格。单元格可以用来保存字符串、数字、公式等不同类型的内容。单元格是通过"列标+行号"来表示位置的，如 F4 就表示第 F 列第 4 行的单元格。

在输入和编辑单元格内容之前，必须先有一个单元格作为活动单元格，即处于激活状态的单元格。当一个单元格成为活动单元格时，它的边框变成黑线，其行、列号会突出显示，用户可以看到它的坐标，如图 4-9 所示。

4. 单元格区域

Excel 2010 可以用"左上角单元格名称：右下角单元格名称"的形式来标识一个矩形区域，这就是单元格区域。例如："C3：F9"表示以左上角的单元格 C3 和右下角的单元格 F9 标识的矩形区域中的所有单元格，如图 4-10 所示。

图 4-9　活动单元格

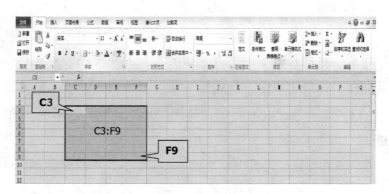

图 4-10　单元格区域

模块 2　启动与退出 Excel 2010

一、启动 Excel 2010

当 Excel 2010 安装完成后，将自动在 Windows 的桌面和"开始"

菜单中自动创建相应的启动图标。与其他应用程序一样，Excel 2010
也可以使用不同的方法启动。

1. 通过"开始"菜单启动

当 Excel 2010 安装完成后，系统将自动在 Windows "开始"菜
单中创建一个相应的启动命令。

用户依次执行"开始 \ 程序 \ Microsoft Office \ Microsoft Office
Excel 2010"命令就可以启动 Excel 2010，如图 4-11 所示。

图 4-11　使用"开始"菜单启动 Excel 2010

2. 通过文件启动

用户通过双击任意 Excel 格式的文件，都可以启动 Excel 2010 并
同时打开该文件，如图 4-12 所示。

二、退出 Excel 2010

在使用 Excel 2010 电子表格处理完数据后，需要退出 Excel 2010
时，要注意做好文件的保存工作。可以单击 Excel 2010 标题栏右侧
的"关闭"按钮■或单击"文件"选项卡的"退出"按钮退出

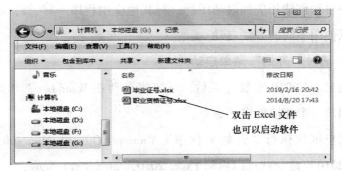

图 4-12　通过文件启动 Excel 2010

Excel 2010，如图 4-13 所示。

图 4-13　退出 Excel 2010

如果用户对 Excel 文件中的内容进行了修改，则在退出 Excel 2010 之前将弹出对话框，提示是否保存修改的内容。单击"保存"按钮将保存修改，单击"不保存"按钮将取消修改，如图 4-14 所示。

图 4-14　保存文档提示

模块 3　工作簿基本操作

要进一步学习 Excel 2010，有必要先了解 Excel 2010 工作簿及工作表的一些基本操作。

一、新建工作簿

启动 Excel 2010 后，系统会自动新建一个空白工作簿，工作簿名称为"工作簿 1. xls"。除此之外，还可用以下几种方式新建工作簿。

（1）单击"文件"菜单中的"新建"按钮后，单击"空白工作簿"，如图 4-15 所示。

（2）单击"开始"功能区的"新建"按钮，如图 4-16 所示。

（3）单击标题栏左侧"快速访问工具栏"中的"新建"按钮，如图 4-17 所示。

（4）使用快捷菜单创建工作簿

在 Windows 界面空白处单击鼠标右键，在弹出的快捷菜单中选择"新建"命令创建 Excel 工作簿。

图 4-15　通过"文件"菜单新建工作簿

图 4-16　通过"开始"功能区新建工作簿

快速访问工具栏

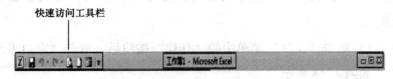

图 4-17　通过"快速访问工具栏"新建工作簿

二、保存工作簿

使用 Excel 2010 时，如果遇到停电等系统故障，将会导致当前正在编辑文档的信息丢失，因此，使用 Excel 2010 编辑文档时要注意随时保存文档。

在 Excel 2010 中保存文档的操作步骤如下：

（1）首先通过鼠标单击 windows 任务栏上的工作簿按钮，使要保存的工作簿处于工作状态。

（2）单击"文件"或"开始"功能区的"保存"按钮，就可以保存当前工作簿。

如果是首次保存文件，可以按以下步骤进行操作：

（1）单击"文件"或"开始"功能区的"保存"按钮，系统会弹出"另存为"对话框，如图 4-18 所示。

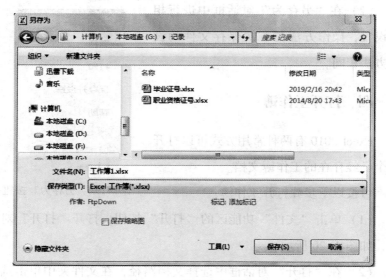

图 4-18　"另存为"对话框

（2）选择文档保存的路径；在"文件名"下拉列表框中，输入或选择要保存的文件名；在"保存类型"下拉列表框中，选择保存文档的类型。

（3）单击"保存"按钮，保存文件。

三、另存为文档

用户如果希望当前编辑的工作簿以其他文件名保存，可以使用 Excel 2010 的"另存为"功能。

按以下步骤进行"另存为"操作。

（1）单击"文件"功能区的"另存为"按钮，打开"另存为"对话框，如图 4-19 所示。

（2）在"另存为"对话框中进行相应设置，操作方法与首次保存文件的设置方法相同。

四、打开工作簿

Excel 2010 有两种常用方式可以打开一个已经存在的工作簿文档。

可按以下步骤打开工作簿：

图 4-19 "另存为"按钮

（1）单击"文件"功能区的"打开"按钮，打开"打开"对话框，如图 4-20 所示。

（2）在"打开"对话框中选择文档路径，在文件夹中单击选择要打开的文件。

（3）单击"打开"按钮，将选中的文件打开。

五、添加工作表

系统默认每个工作簿有三个工作表，用户除使用系统默认的三

图 4-20　打开"打开"对话框

个工作表"Sheet1""Sheet2"和"Sheet3"之外，还可以通过以下两种方式添加新工作表。

1. 通过选项卡添加工作表

　　单击"开始"功能区"单元格"组中的"插入"按钮，在弹出的下拉菜单中选择"插入工作表"，系统会在当前的活动工作表前添加一个新工作表，同时，新增的工作表将会自动变为活动工作表，如图 4-21 所示。

新增工作表

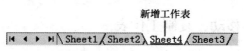

图 4-21　添加工作表

2. 通过快捷方式添加工作表

右击工作表标签，在弹出的菜单中单击"插入"按钮，在弹出的"插入"对话框中选择"工作表"，单击"确定"按钮，如图 4-22 所示。

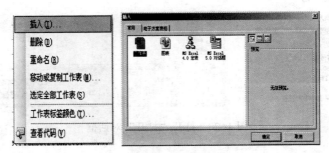

图 4-22　通过快捷方式添加工作表

六、重命名工作表

Excel 2010 会自动为每一个工作表命名，如果需要，用户可以重新命名工作表。

重命名工作表的操作方法与添加工作表相似，即右击工作表标签，在弹出的菜单中选择"重命名"命令，然后输入新的名称。

七、选中工作表

在对工作表进行移动、复制、删除等操作之前，需要选中工作表，在 Excel 2010 中单击某个工作表标签可选中该工作表。

八、移动、复制工作表

用户也可以将工作表移动、复制到本工作簿或其他工作簿中。

移动、复制工作表的操作步骤如下：

（1）打开源工作簿和目标工作簿。

（2）在源工作簿中选中需移动或复制的工作表。

（3）右击需要移动或复制的工作表标签，在弹出的菜单中选择"移动或复制工作表"命令，打开"移动或复制工作表"对话框，如图 4-23 所示。

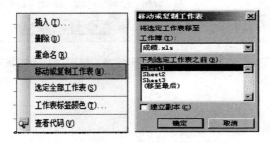

图 4-23　打开"移动或复制工作表"对话框

（4）在对话框的"工作簿"下拉列表框中选择移动或复制的目标工作簿。

（5）在对话框的工作表列表中选择将工作表插入到目标工作簿的某个工作表之前。不选中"建立副本"复选框会将选中工作表移动到目的工作簿中，选中"建立副本"复选框会将选中工作表复制到目的工作簿中。

（6）单击"确定"按钮。

九、删除工作表

删除工作表的操作步骤如下：

（1）在工作表标签上右击，在弹出的菜单中选择"删除"命令，如图 4-24 所示。

（2）在弹出的对话框中单击"删除"按钮即删除当前工作表，如图 4-25 所示。

图 4-24　选择
"删除"命令

图 4-25　单击"删除"按钮

模块 4　数据的输入与编辑

在 Excel 2010 的单元格中，不仅能输入数字、文本，还可以存储多种形式的数据，例如声音、图形等。数据的输入与编辑是每个 Excel 使用者都必须面对的问题。如果不了解不同类型数据的输入方法，就无法减少数据输入的工作量，同时还不能保证数据的正确性。

一、选择单元格

用户在向工作表中输入和编辑数据前，必须先选择单元格。Excel 2010 中有几种选择单元格的方式。

1. 选择单个单元格

选择单个单元格使之成为活动单元格，可以使用以下方法：

（1）用鼠标单击某个单元格可以使该单元格成为活动单元格。

（2）按下键盘上的光标移动键可将活动单元格的标示移动到某个单元格，该单元格即成为活动单元格。

（3）用鼠标单击名称框，在名称框中直接输入单元格的名称，按下回车键确认，该单元格即成为活动单元格。

2. 选择单元格区域

可以通过执行以下操作之一来选择单元格区域：

（1）在起始单元格处按下鼠标左键不放，拖动鼠标到终止单元格，然后松开左键，以起始单元格和终止单元格为对角顶点的单元格区域即被选中。

（2）单击选择起始单元格，然后按住 Shift 键单击终止单元格，以起始单元格和终止单元格为对角顶点的矩形区域内的所有单元格即被选中。

3. 选择整行、整列或整个工作表中的单元格

执行以下操作之一可以按行、列选中单元格或选中整个工作表中的所有单元格：

（1）单击行号可选中整行单元格，单击列标可选中整列单元格。

（2）单击行号与列标交会处的灰色按钮可选中工作表中的所有单元格，如图 4-26 所示。

图 4-26 选中整行、整列或全部单元格

4. 选择不连续的单元格

可以通过执行以下操作之一来选择不连续的单元格：

（1）先选中第一个单元格或单元格区域，然后按住 Ctrl 键的同时选中其他单元格或单元格区域。

（2）选中第一个单元格或单元格区域，然后按下组合键"Shift+F8"将其他不相邻的单元格或单元格区域添加到选定区域中。若要停止将单元格或单元格区域添加到选定区域中，再次按组合键"Shift+F8"即可。

5. 选择单元格内容

若要选择单元格内容，可以执行以下操作：

（1）双击某单元格，然后拖动鼠标选择该单元格中的内容。

（2）单击某单元格，然后在编辑栏中拖动鼠标选择单元格中的内容。

（3）单击某单元格后按下"F2"键编辑单元格，使用光标移动键定位插入点，然后使用"Shift+光标移动键"选择内容。

二、输入数据

Excel 2010 不仅能处理数字信息，同样也可以输入文本、日期等多种格式的信息。在 Excel 2010 中输入数据通常按以下步骤操作：

（1）选择要输入数据的单元格。

（2）输入数据并按下 Enter 或 Tab 键确认。

1. 输入文本

在 Excel 2010 中，文本可以是数字、空格和非数字字符的组合，一般应至少包含一个非数字字符。

输入文本的方法与输入其他数据没有区别。如果要输入以数字组成的文本，应按"单引号加数字"的形式输入，如输入"'123"，表

图 4-27　文本格式

示输入的是一个字符串 123，而不是数字 123，如图 4-27 所示。

2. 输入数字

Excel 2010 可以输入的数字类型有整数、小数、分数和科学计数四种。

输入数字时，直接在单元格中输入数字即可。如果需要输入分数，应以"整数""空格""分子/分母"的形式输入。如输入分数 4/9 时，在单元格中则应键入"0 空格 4/9"。又如输入"四又五分之四"时应键入"4 空格 4/5"，如图 4-28 所示。

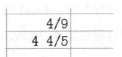

图 4-28　数字与分式

3. 输入日期与时间

在 Excel 2010 中有很多种日期与时间的输入方式，常见的日期与时间输入方式如下：

（1）用连字符，如"-""/"等分隔代表年、月、日的文本可以输入日期，例如，可以通过输入"2005-10-25"或"5-Sep-02"来输入相应的日期。

（2）用"："分隔代表时间的文本可以输入时间，如"14：46"或"1：30PM"，如图 4-29 所示。

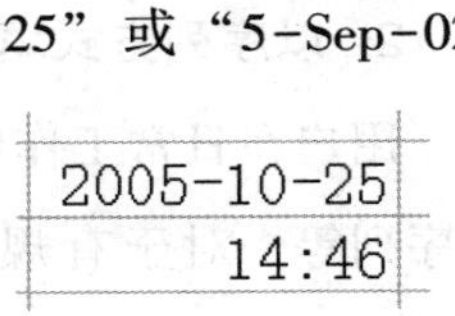

```
2005-10-25
      14:46
```

图 4-29　输入的
日期与时间

三、自动填充数据

为了方便用户录入，输入数据时，Excel 2010 还提供了很多自动填充数据的方法。

1. 为不同的单元格填充相同的数据

为不同的单元格填充相同数据的具体操作步骤如下：

（1）选中包含数字的单元格后，移动鼠标指针至单元格右下角，待光标变为黑十字时按下鼠标左键。

（2）按住鼠标并拖动鼠标向上、下、左、右四个方向移动，释放鼠标左键，Excel 将会以相同的数据填充鼠标选定的区域。具体操作过程如图 4-30 所示。

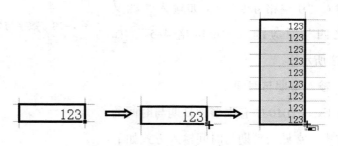

图 4-30　为不同的单元格填充相同的数据

2. 以序列方式填充

用户在日常工作中经常需要按序列输入数据，如时间序列、数字序列等。对于有规律的序列，不必一个一个地输入数据，利用 Excel 的填充功能即可完成序列数据的输入。

以序列方式填充数据的步骤是：

（1）选中包含数字的单元格，移动鼠标指针至单元格右下角，待光标变为黑十字时按下鼠标左键。

（2）按住鼠标左键拖动一定距离后释放鼠标左键，在末尾单元格附近单击打开自动填充选项  下拉菜单，在菜单中选择"填充序列"，如图 4-31 所示。

图 4-31　填充序列

四、清除单元格内容

清除单元格内容是指清除单元格中的公式、数据、样式等信息而留下空白的单元格。清除单元格内容不等于删除单元格。

清除单元格内容可以通过以下两种方式实现：

1. 通过功能区的命令按钮清除单元格内容

选中单元格后，单击"开始"功能区"编辑"命令组中的"清除"按钮，在弹出的下拉菜单中单击"全部清除"按钮即可清除选中单元格中的全部信息，如图 4-32 所示。

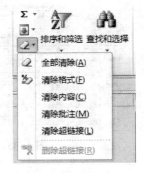

2. 快捷方式清除单元格内容

除功能区命令按钮之外，也可以在选中单元格后直接按下 Delete 键清除单元格中的内容。

图 4-32　全部清除

清除单元格中内容是指清除单元格中的内容、格式、批注或全部三项；删除单元格则不但删除单元格中的内容，还将删除单元格本身。

五、移动或复制单元格

通过使用 Excel 2010 中的“剪切”“复制”和“粘贴”命令，用户可以移动或复制整个单元格区域及其内容。与 Word 等文字处理软件不同，Excel 中的移动或复制操作通常以单元格为单位。

1. 通过剪贴板移动或复制单元格

通过剪贴板移动或复制单元格的操作步骤如下。

（1）用鼠标选中要移动或复制的单元格，按下快捷键“Ctrl+C”将单元格内容复制入剪贴板中即可复制单元格，如果要移动单元格则应按下快捷键“Ctrl+X”将单元格内容剪切入剪贴板中，如图 4-33 所示。

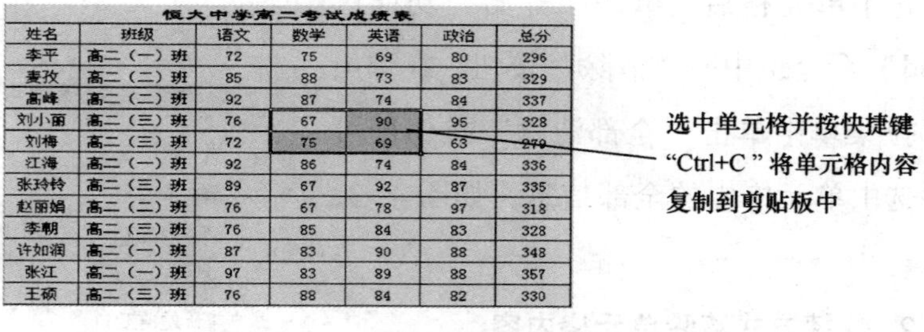

恒大中学高二考试成绩表

姓名	班级	语文	数学	英语	政治	总分
李平	高二（一）班	72	75	69	80	296
麦孜	高二（二）班	85	88	73	83	329
高峰	高二（二）班	92	87	74	84	337
刘小丽	高二（三）班	76	67	90	95	328
刘梅	高二（三）班	72	75	69	63	279
江海	高二（一）班	92	86	74	84	336
张玲铃	高二（三）班	89	67	92	87	335
赵丽娟	高二（二）班	76	67	78	97	318
李朝	高二（三）班	76	85	84	83	328
许如润	高二（一）班	87	83	90	88	348
张江	高二（一）班	97	83	89	88	357
王硕	高二（三）班	76	88	84	82	330

图 4-33　将单元格内容复制到剪贴板中

（2）将鼠标移动至要复制或移动的位置处，按下快捷键“Ctrl+V”将单元格内容粘贴入当前位置，如图 4-34 所示。如果之前通过快捷键“Ctrl+X”移动单元格，则原单元格内容将会被删除，如图 4-35 所示。

2. 使用鼠标拖动移动或复制单元格

移动或复制单元格的另一个较简单且直观的方法是使用鼠标拖

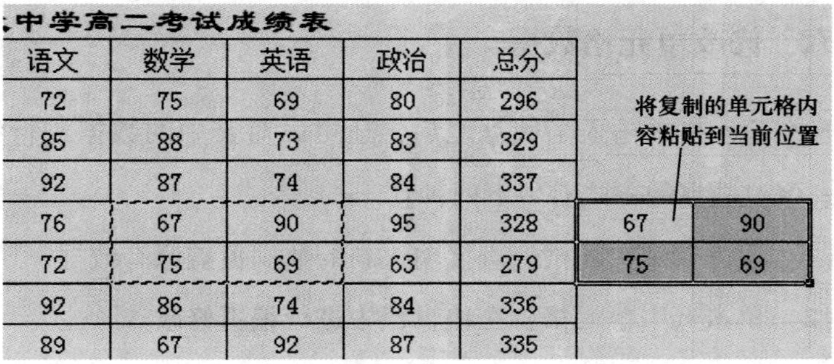

中学高二考试成绩表

语文	数学	英语	政治	总分
72	75	69	80	296
85	88	73	83	329
92	87	74	84	337
76	67	90	95	328
72	75	69	63	279
92	86	74	84	336
89	67	92	87	335

将复制的单元格内容粘贴到当前位置

67	90
75	69

图 4-34 复制单元格

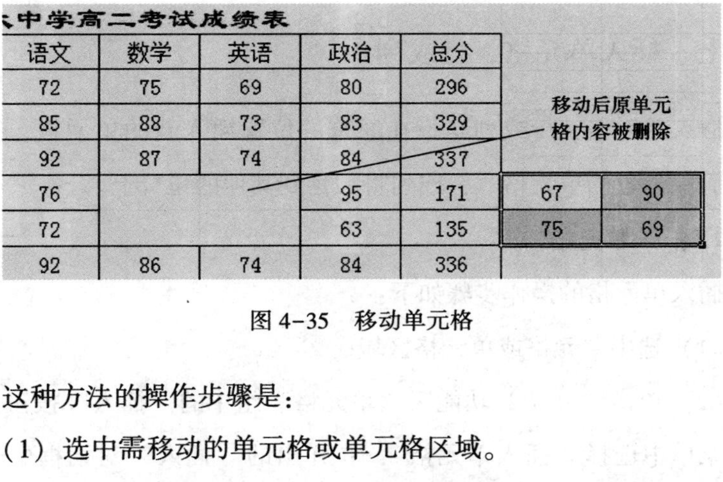

中学高二考试成绩表

语文	数学	英语	政治	总分
72	75	69	80	296
85	88	73	83	329
92	87	74	84	337
76			95	171
72			63	135
92	86	74	84	336

移动后原单元格内容被删除

67	90
75	69

图 4-35 移动单元格

动,这种方法的操作步骤是:

(1)选中需移动的单元格或单元格区域。

(2)将鼠标指针指向选中单元格区域的边缘,当出现十字箭头光标时按下左键拖动鼠标。

(3)拖动鼠标至目的位置,松开鼠标左键,完成操作。

使用鼠标拖动移动单元格,原单元格内容将会被删除,如果在拖动单元格时按下 Ctrl 键,则原单元格内容不会被删除,相当于执行复制操作。

六、修改单元格数据

当在单元格中输入了数据之后，还可以对其中的数据进行编辑修改。修改数据的方式有以下两种：

（1）双击选中单元格，直接输入新的数据覆盖原有数据。

（2）单击选中单元格，在编辑栏中进行编辑修改。

当完成数据的编辑修改后，按 Enter 或 Tab 键确认修改，按 Esc 键取消修改。

七、插入单元格、行或列

插入单元格、行或列是指在原来的位置插入新的单元格、行或列，而原位置的单元格、行或列将顺延到其他的位置上。

1. 插入单元格

插入单元格的操作步骤如下：

（1）选中单元格或单元格区域。

（2）单击"开始"功能区"单元格"组中的"插入"按钮，在下拉菜单中选择"插入单元格"，在弹出的"插入"对话框中选择一种插入方式后单击"确定"按钮即可，如图4-36所示。

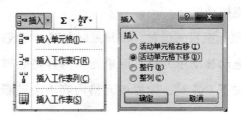

图4-36　插入单元格

2. 插入行或列

插入行的操作步骤如下：

（1）选中要插入行的下一行中的任一单元格。

（2）单击"开始"功能区"单元格"组中的"插入"按钮，在下菜单中选择"插入工作表行"命令即可在当前单元格上方插入一行，如图 4-37 所示。

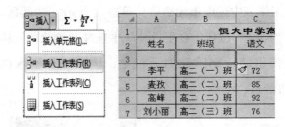

图 4-37 插入行

插入列的操作步骤如下：

（1）选中要插入列的右侧列中的任一单元格。

（2）单击"开始"功能区"单元格"组中的"插入"按钮，在下拉菜单中选择"插入工作表列"命令即可在当前单元格左侧插入一列，如图 4-38 所示。

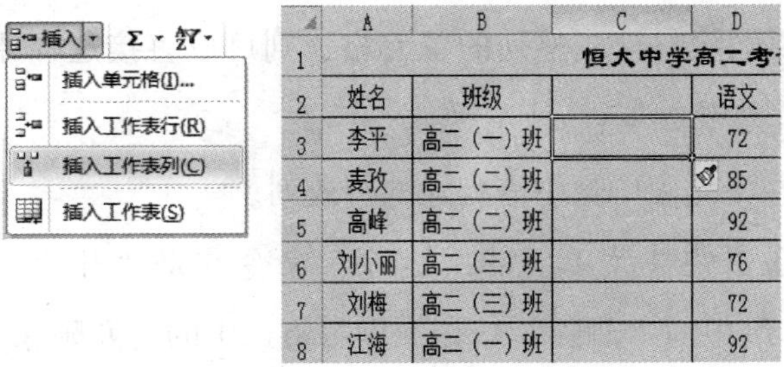

图 4-38 插入列

八、删除单元格、行或列

删除单元格、行或列就是指将选定的单元格、行或列从工作表中删除，并用周围的其他单元格、行或列来填补留下的空白。

1. 删除单元格

删除单元格的操作步骤如下：

（1）在工作表中选中单元格后，单击"开始"功能区"单元格"命令组中的"删除"按钮，在下拉菜单中选择"删除单元格"命令。

（2）在弹出的"删除"对话框中，选中一种删除选项后单击"确定"按钮即可，如图4-39所示。

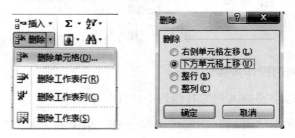

图4-39　删除单元格

2. 删除行或列

如果要删除整行或整列的单元格，则可以直接选择删除行列的方法。操作步骤如下：

（1）在工作表中选中需删除的行或列。

（2）单击快捷菜单上的"删除"命令或是"开始"选项卡中"单元格"组中的"删除"按钮，即可将选中的行列删除。

删除行后，被删除行下方的行自动向上移以填补被删除行留下的空白位置；删除列后，被删除列右侧的列自动向左移以填补被删除列留下的空白位置。

九、查找和替换

"查找"和"替换"是指在指定范围内查找到用户所指定的单个字符或一组字符串并将其替换成为另一个字符或一组字符串。

查找与替换是编辑处理过程中经常要执行的操作，在 Excel 中除可查找和替换文字外，还可查找和替换公式或附注，其应用更为广泛，进一步提高了编辑处理的效率。

1. 查找命令

当需要重新查看或修改工作表中的某一部分内容时，可以查找和替换指定的任何数值，包括文本、数字、日期，或者查找一个公式、一个附注。例如可以指定 Excel 只查找含有大写格式的特殊文字，如可以查找 "Green"，而不查找 "green"。

执行查找操作的步骤如下：

（1）单击"开始"功能区"编辑"组中的"查找和选择"按钮，在弹出的下拉菜单中选择"查找"命令，弹出"查找和替换"对话框，如图 4-40 所示。

（2）在"查找内容"框中输入要查找的字符串，然后单击"选项"按钮，在相应选项中指定"搜索方式"和"搜索范围"，最后单击"查找下一个"按钮即可开始查找工作。

（3）当 Excel 找到一个匹配的内容后，单元格指针就会指向该单元格。之后可以决定下一步的操作，如果还需要进一步查找，可以单击"查找下一个"按钮，也可单击"关闭"按钮退出查找对话框。

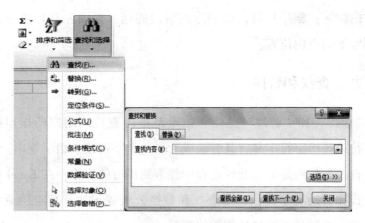

图 4-40　弹出"查找和替换"对话框

2. 替换命令

替换命令与查找命令类似，执行替换命令可将查找到的字符串转换成一个新的字符串，以便于对工作表进行编辑。

执行替换操作的步骤如下：

（1）单击"开始"功能区"编辑"组中的"查找和选择"按钮，在弹出的下拉菜单中选择"替换"命令，打开"查找和替换"对话框，如图 4-41 所示。

图 4-41　"查找和替换"对话框

（2）在"查找内容"中输入要查找的字符串，然后在"替换为"中输入新的数据，最后单击"替换"按钮即可。

十、撤销与恢复

在编辑过程中可以撤销错误的操作，撤销掉的操作还可以再恢复。

通过按下编辑工具栏上的撤销按钮 ↰ 和恢复按钮 ↱ 就可以完成"撤销"和"恢复"操作。

如果要撤销多步操作，可以单击撤销按钮旁边的向下箭头打开菜单，如图 4-42 所示。从中选择需要重复的步骤即可。

图 4-42　撤销命令

模块 5　工作表的美化

工作表建好之后，可以对其进行美化处理，如设置单元格格式，为表格添加边框和底纹，利用条件格式使某些单元格突出显示，在表格中应用图片、图形和艺术字等，这样可以使工作表更加美观并且便于阅读。

一、设置字符格式

用户可以使用 Excel 2010 设置字符的字号、字形和颜色等内容，使工作表中的字符更加美观、易于阅读。

1. 设置字体

在 Excel 2010 中通常使用"开始"功能区"字体"组中的功能

设置字体。

图 4-43　设置字体

设置字体的操作步骤如下：

（1）选中需设置字符格式的单元格或其中的部分字符。

（2）单击"字体"组中"字体"列表框右侧的向下箭头打开下拉列表，在下拉列表中选择需要的字体，如图 4-43 所示。

2. 设置字号

与设置"字体"相同，在"字体"组中的"字号"列表框中可以设置单元格中字符的字号。

设置字号的操作步骤如下：

（1）选中需设置字号的单元格或其中的部分字符。

图 4-44　设置字号

（2）单击"字体"组中"字号"列表框右侧的向下箭头打开下拉列表，在下拉列表中选择字号即可，如图 4-44 所示。

3. 设置字形

Excel 2010 中的特殊字形效果有四种，可以通过单击"字体"组中的"加粗"按钮 **B**、"倾斜"按钮 **I**、"下划线"按钮 **U**、"双下划线"按钮 **D** 为选中单元格中的字符添加相应的特殊字形效果，设置效果如图 4-45 所示。如果再次单击则取消相应的效果。

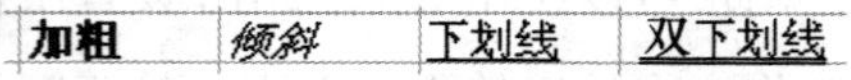

| 加粗 | *倾斜* | 下划线 | 双下划线 |

图 4-45　特殊字形效果

4. 设置字符颜色

Excel 2010 还可以修改字符颜色，操作步骤是先选中字符，再单击"字体"组中的"字体颜色"按钮 右侧的向下箭头打开颜色列表，然后在列表中选中需要的字符颜色就可以修改字符颜色，如图 4-46 所示。

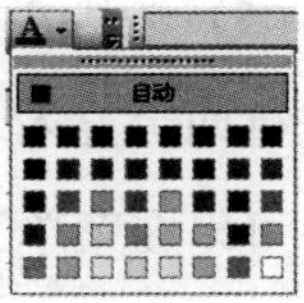

图 4-46　设置颜色

二、设置数字格式

在 Excel 2010 中，可以设定数字的小数位位数、是否采用百分比、是否使用千位分割、是否使用货币形式等。下面介绍如何使用工具按钮来设置数字格式。

（1）选中需设置数字格式的单元格或其中的部分字符。

（2）选择"开始"功能区"数字"组中的数字格式按钮进行设置即可，如图 4-47 所示。

图 4-47　设置数字格式

各数字格式按钮的含义如下：

（1）货币样式 ：在数据前添加对应货币符号，保留两位小数，如 68.012→¥→¥68.01。可单击右侧向下箭头，在弹出的下拉菜单中选择对应货币符号。

（2）百分比样式%：将当前数据×100 后再添加百分号，如0.68→%→68%。

（3）千位分隔样式：在每个千位上用千分号分隔，并保留两位小数，如 6801.01→6，801.01。

（4）增加小数位数：数据的小数位数加 1，如 68.01→68.010。

（5）减少小数位数：数据的小数位数减 1，如 68.01→68.0，同时进行四舍五入。

可以在菜单"格式\单元格…"下的"单元格格式"对话框中使用"数字"选项卡进行更多数字格式设置。

三、设置单元格对齐方式

要使工作表整齐美观，就要对格式进行调整。单元格对齐方式是指文本在单元格中的排列规则，包括水平对齐方式和垂直对齐方式。

单元格的水平对齐方式是指单元格文本在水平方向上的分布规则，Excel 2010 的单元格水平对齐方式除左对齐、居中等常见的对齐方式之外，还有以下两种方式：

（1）常规：根据单元格中数据的类型选择对齐方式。

（2）填充：在全部选中的单元格区域中，复制该区域中最左侧单元格中的字符，选中区域中所有要填充的单元格必须都是空的。

单元格的垂直对齐方式包括靠上、居中、靠下、两端对齐和分散对齐。常见的各种对齐方式，如图 4-48 所示。

图 4-48　单元格对齐方式

选中需设置对齐方式的单元格后，可以采用以下方法设置其对齐方式：

（1）选中要设置对齐方式的一个或几个单元格。

（2）右击，在弹出的菜单中单击"设置单元格格式"按钮，弹出"设置单元格格式"对话框，如图 4-49 所示。

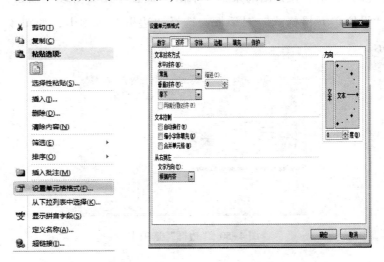

图 4-49 设置对齐方式

（3）在"单元格格式"对话框"对齐"选项卡中的"水平对齐"和"垂直对齐"列表框中选择单元格的各种对齐方式。

四、设置边框和底纹

有时为了呈现方便或突出某些单元格的重要性，可以在这些单元格区域为其添加边框、底纹或背景等效果。

1. 设置边框

在 Excel 2010 中可以为单元格添加或取消边框，并可设置边框的线形、颜色。与其他格式属性一样，单元格的边框属性也可以在"设置单元格格式"对话框中进行设置。

设置边框的操作步骤如下：

（1）选中需设置边框的单元格区域。

（2）右击，在弹出的菜单中单击"设置单元格格式"按钮，打开"设置单元格格式"对话框，选择"边框"选项卡，如图4-50所示。

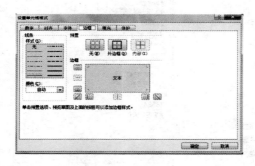

图4-50 "边框"选项卡

（3）根据需要，在"样式"列表中单击选择需要的边框线型，在"颜色"列表框中选择需要的边框线颜色。

（4）单击"确定"按钮完成设置。

设置了边框之后，可以通过以下两种方法将其取消：

1）在"设置单元格格式"对话框中的预览图中单击需取消的边框，或是单击与需取消的边框相对应的按钮。

2）单击"预置"区域的"无"按钮。

2. 设置底纹

在 Excel 2010 中可以为单元格添加或取消底纹，并可设置底纹的图案式样以及前景颜色和背景颜色。

设置底纹的操作步骤如下：

（1）选中需设置底纹的单元格区域。

（2）右击，在弹出的菜单中单击"设置单元格格式"按钮，打开设置"单元格格式"对话框，选择"填充"选项卡，单击"填充效果"按钮，在"渐变"选项卡中设置底纹样式，如图 4-51 所示。

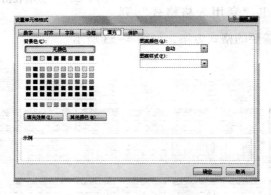

图 4-51　底纹设置

（3）在颜色列表中选择需要的底纹颜色。

（4）在"底纹样式"选项下选择需要的样式。

（5）也可以在"图案颜色"列表框中选择前景色，在"图案样式"列表框中选择图案的式样。

（6）单击"确定"完成设置。

五、自动套用格式

Excel 2010 提供了丰富的内置表格样式方案，使用户可以快速地设置整个表格的格式，这些方案会对表格中的不同元素使用独立的格式，省去格式化工作表的麻烦，用户也可以套用表格格式后稍作修改，以减少工作量。

自动套用格式的操作步骤如下：

（1）选定任一单元格，单击"开始"功能区"样式"组中的"套用表格格式"按钮，如图 4-52 所示。

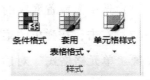

图 4-52 "套用表格格式"按钮

（2）弹出"套用表格格式"列表框，选择需要的格式方案，如图 4-53 所示。

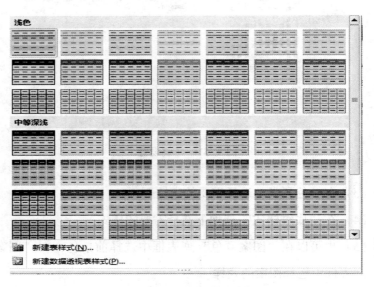

图 4-53 套用表格格式

模块 6　数据的处理与分析

Excel 2010 提供了一系列处理和分析数据的功能，包括了公式与函数、排序和筛选等。

一、公式与函数

公式与函数是 Excel 2010 中最重要的功能，正是由于公式与函数的应用，才使得 Excel 具有强大的数据处理能力。作为电子表格处理软件，Excel 最重要的功能之一就是用户可以在单元格中输入公式或者使用系统提供的函数来完成对工作表的计算。

1. 公式简介

公式是指使用运算符和函数，对工作表数据以及普通常量进行运算的方程式。

在 Excel 2010 中，公式不仅可以进行数学运算，还可以比较工作表数据或合并文本。在公式中不但可以对常量进行计算，还可以引用同一工作表中的其他单元格、同一工作簿不同工作表中的单元格、甚至不同工作簿中的单元格的内容。

一个完整的公式，如 "= Sum（A2：A5）* 10" 由以下几部分组成。

（1）等号 "="：相当于公式的标记，表示之后的字符为公式。

（2）运算符：表示运算关系的符号，如例中的乘号 "*"。

（3）函数：一些预定义的计算关系，可将参数按特定的顺序或结构进行计算，如例中的求和函数"Sum"。

（4）单元格引用：参与计算的单元格或单元格范围，如例中的单元格范围"A2：A5"。

（5）常量：参与计算的常数，如例中的数值"10"。

在对公式进行计算时，系统根据公式中运算符的特定顺序从左到右计算公式，并可以使用括号更改运算顺序。运算顺序遵循以下规则：

（1）如果公式中同时用到了多个运算符，系统将按冒号、空格、逗号、负号、百分号、求幂、乘除号、加减号、文本串联符（&）、比较运算符的优先级顺序进行运算。

（2）如果公式中包含了相同优先级的运算符，系统将从左到右进行计算。

（3）圆括号内的部分优先计算。

2. 输入公式

公式的输入方法与一般数据不同，因为公式表达的不是一个具体的数值，而是一种计算关系。输入公式后，单元格中显示的通常不是公式的具体内容，而是公式的计算结果。

可以按以下操作步骤输入公式：

（1）选中需输入公式的单元格。

（2）先在编辑栏中键入公式的前导符——等号"＝"。

（3）继续在编辑栏中键入公式的具体内容，完毕后按"Enter"键或按下☑按钮确认。

这样即可在指定的单元格中输入公式，输入公式后，单元格中会显示出公式的计算结果，而编辑栏中则显示公式本身，如在单元

格 B2 中，使用编辑框输入公式" = 5 + 10 * 6"，计算结果为 65，如
图 4-54 所示。

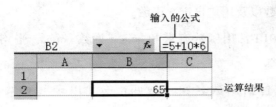

图 4-54　输入公式与运算结果

3. 自动求和

Excel 2010 设置了"自动求和"按钮，对其进行应用可以快捷
地实现求和运算。除此之外，"自动求和"按钮还可以实现计数、平
均值、最大值等常用运算。

自动求和的操作步骤如下：

（1）选中要插入总和的单元格。

（2）单击"开始"功能区中"编辑"命令组的"自动求和"按

钮 Σ，拖动闪烁单元格的边框选择
需要求和的区域，或在编辑栏中输入
区域范围，即可自动求和，如图 4-55
所示。

图 4-55　自动求和

可以单击"自动求和"按钮 Σ 右侧的向下箭头，在弹出的下拉
列表中更改所使用的函数来改变计算公式。

4. 使用函数

函数是预定义的公式，它们使用一些称为参数的特定数值按特
定的顺序或结构进行计算，并给出计算结果。Excel 函数一共有 11

类，分别是数据库函数、日期与时间函数、工程函数、财务函数、信息函数、逻辑函数、查询和引用函数、数学和三角函数、统计函数、文本函数以及用户自定义函数。

Excel 2010 常用函数有求和 sum、计数 count、平均值 average、最大值 max 等。

函数应包括函数名和参数两部分。以函数式"count（A2：C5）"为例：

（1）函数名：如例子中的"count"表示函数的计算关系。

（2）参数：如例子中的"（A2：C5）"是在函数中参与计算的数值。参数在圆括号中，可以是数字、文本、逻辑值或单元格引用。

带有函数的公式的输入方法与一般的公式没有什么不同，用户可以像输入一般的常量一样直接输入函数及其参数，也可以使用"插入函数"命令来输入函数。

可以按以下操作步骤输入函数：

（1）选中需输入公式的单元格。

（2）单击"公式"功能区"函数库"组中的"插入函数"按钮，打开"插入函数"对话框，如图 4-56 所示。

（3）在"选择函数"列表中选择一种要选择的函数，单击"确定"按钮，弹出"函数参数"对话框，在此设置函数的参数。参数可以手动输入或单击数据选取按钮▦后选择数据单元格区域自动输入，如图 4-57 所示。

（4）单击"确定"按钮，将会在当前单元格中计算出结果，并在编辑栏中显示公式。

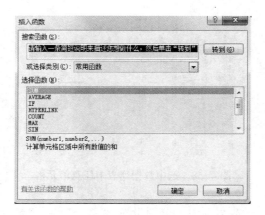

图 4-56 "插入函数"对话框

图 4-57 输入参数

二、排序

在 Excel 2010 中,将数据按照需要排序,可以便于查找。

数据排序的步骤如下:

(1)在需要排序的数据列表中选中任意单元格,如图 4-58 所示。

(2)单击"数据"功能区"排序和筛选"组中的"排序"按钮,打开"排序"对话框,对"主要关键字""次要关键字"等选

恒大中学高二考试成绩表

姓名	班级	语文	数学	英语	政治	总分
李平	高二（一）班	72	75	69	80	296
麦孜	高二（一）班	85	88	73	83	329
高峰	高二（二）班	92	87	74	84	337
刘小丽	高二（三）班	76	67	90	95	328
刘梅	高二（三）班	72	75	69	63	279
江梅	高二（一）班	92	86	74	84	336
张玲铃	高二（二）班	89	67	92	87	335
赵丽娟	高二（二）班	76	67	78	97	318
李朝	高二（三）班	76	85	84	83	328
许如涧	高二（二）班	87	83	90	88	348
张江	高二（一）班	97	83	89	88	357
王硕	高二（三）班	76	88	84	82	330

图 4-58 选中数据列表中任意单元格

项进行设置。在本案例中，分别设置"总分"和"数学"为主要关
键字和次要关键字，次序为升序，如图 4-59 所示。

图 4-59 设置排序选项

（3）单击"确定"按钮，排序后结果如图 4-60 所示。

恒大中学高二考试成绩表

姓名	班级	语文	数学	英语	政治	总分
刘梅	高二（三）班	72	75	69	63	279
李平	高二（一）班	72	75	69	80	296
赵丽娟	高二（二）班	76	67	78	97	318
刘小丽	高二（三）班	76	67	90	95	328
李朝	高二（三）班	76	85	84	83	328
麦孜	高二（一）班	85	88	73	83	329
王硕	高二（三）班	76	88	84	82	330
张玲铃	高二（二）班	89	67	92	87	335
江梅	高二（一）班	92	86	74	84	336
高峰	高二（二）班	92	87	74	84	337
许如涧	高二（二）班	87	83	90	88	348
张江	高二（一）班	97	83	89	88	357

图 4-60 排序后数据

也可以使用"数据"功能区"排序和筛选"组中的"升序" ↕
或"降序" ↕ 进行快速排序。

三、筛选

与排序不同，筛选并不重排清单，而只是暂时隐藏不必显示的
行，且一次只能对工作表中的一个数据清单使用筛选命令。

筛选的操作步骤如下：

（1）在需要筛选的数据列表中选中任意单元格，如图 4-61
所示。

恒大中学高二考试成绩表

姓名	班级	语文	数学	英语	政治
李平	高二（一）班	72	75	69	80
麦孜	高二（二）班	85	88	73	83
张江	高二（二）班	97	83	89	88
王硕	高二（三）班	76	88	84	82
刘梅	高二（三）班	72	75	69	63
江海	高二（一）班	92	86	74	84
李朝	高二（一）班	76	85	84	83
许如润	高二（一）班	87	83	90	88
张玲铃	高二（三）班	89	67	92	87
赵丽娟	高二（二）班	76	67	78	97
高峰	高二（一）班	92	87	74	84
刘小丽	高二（三）班	76	67	90	95

图 4-61　选中数据列表中任意单元格

（2）单击"数据"功能区"排序和筛选"组中的"筛选"按
钮，如图 4-62 所示。

图 4-62　"筛选"按钮

（3）表头各个单元格内出现下拉菜单，在"语文"下拉菜单中勾选合适的数据，如图4-63所示，筛选后结果如图4-64所示。

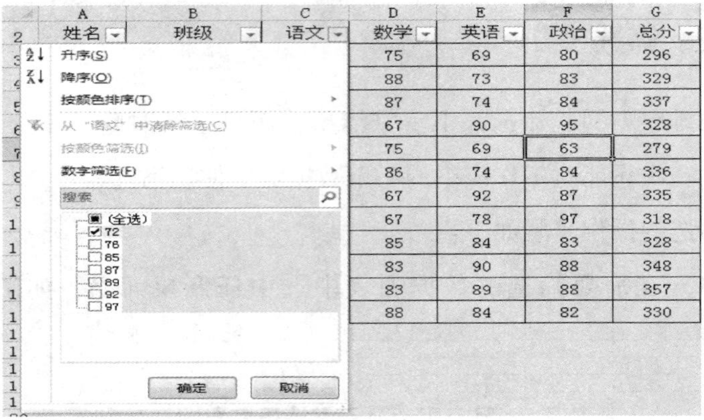

图4-63　勾选数据

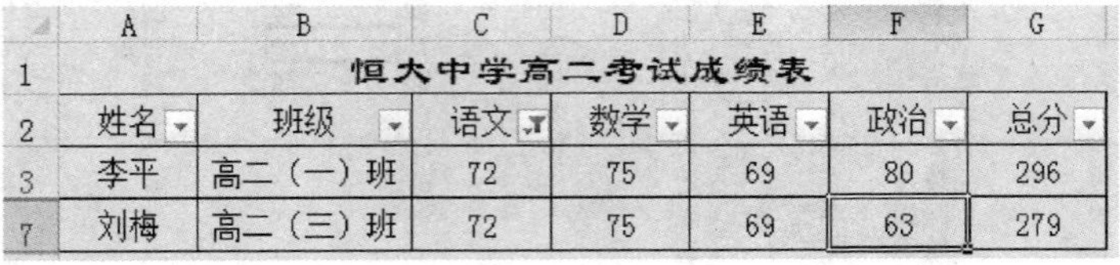

图4-64　数据筛选后

如果不是筛选单个数值，而是一定范围条件，应使用筛选下拉菜单中的"数字筛选"选项进行设置，如图4-65所示。

四、分类汇总

分类汇总是Excel 2010中最常用的功能之一，它能够快速以某一个字段为分类项对数据列表中其他字段的数值进行各种统计计算，如计算求和、计数、平均值、最大值、最小值、乘积等。

图 4-65　数字筛选

使用分类汇总的操作步骤如下：

（1）选中数据列表中的任意单元格，如图 4-66 所示。

恒大中学高二考试成绩表						
姓名	班级	语文	数学	英语	政治	总分
李平	高二（一）班	72	75	69	80	296
江海	高二（一）班	92	86	74	84	336
许如润	高二（一）班	87	83	90	88	348
张江	高二（一）班	97	83	89	88	357
刘小丽	高二（三）班	76	67	90	95	328
刘梅	高二（三）班	72	75	69	63	279
张玲玲	高二（三）班	89	67	92	87	335
李朝	高二（三）班	76	85	84	83	328
王硕	高二（三）班	76	88	84	82	330
麦孜	高二（二）班	85	88	73	83	329
高峰	高二（二）班	92	87	74	84	337
赵丽娟	高二（二）班	76	67	78	97	318

图 4-66　选中数据列表中任意单元格

（2）单击"数据"功能区"分级显示"组中的"分类汇总"按钮，打开"分类汇总"对话框。

（3）在"分类字段"下拉列表中选择"班级"，在"汇总方式"下拉列表中选择"平均值"，在"选定汇总项"下拉列表中勾选"语文""数学""英语""政治"项，并勾选"汇总结果显示在数据下方"复选框，如图 4-67 所示。

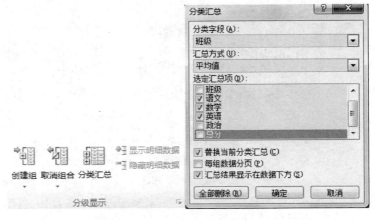

图 4-67 分类汇总设置

（4）单击"确定"按钮后 Excel 2010 会分析数据列表并生成结果。分类汇总后的数据列表如图 4-68 所示。

恒大中学高二考试成绩表						
姓名	班级	语文	数学	英语	政治	总分
李平	高二（一）班	72	75	69	80	296
江海	高二（一）班	92	86	74	84	336
许如润	高二（一）班	87	83	90	88	348
张江	高二（一）班	97	83	89	88	357
高二（一）班 平均		87	81.75	80.5		
刘小丽	高二（三）班	76	67	90	95	328
刘梅	高二（三）班	72	75	69	63	279
张玲玲	高二（三）班	89	67	92	87	335
李朝	高二（三）班	76	85	84	83	328
王硕	高二（三）班	76	88	84	82	330
高二（三）班 平均		77.8	76.4	83.8		
麦孜	高二（二）班	85	88	73	83	329
高峰	高二（二）班	92	87	74	84	337
赵丽娟	高二（二）班	76	67	78	97	318
高二（二）班 平均		84.33333	80.66667	75		
总计平均值		82.5	79.25	80.5		

图 4-68 分类汇总后的数据列表

使用分类汇总功能以前，必须要对数据列表中需要分类汇总的字段进行排序。图 4-66 中的数据列表已经对"班级"字段进行了排序，所以可以直接进行分类汇总。

如果用户想取消分类汇总，只需打开"分类汇总"对话框，单击"全部删除"按钮即可。如果想替换当前的分类汇总，则要在"分类汇总"对话框中勾选"替换当前分类汇总"复选框。

模块 7　图表操作

Excel 2010 可以很容易地创建基于工作表数据的图表。图表具有较直观的视觉效果，利用图表可以将抽象的数据形象化，使得数据更加直观、一目了然，方便用户查看。当数据源发生变化时，图表中对应的数据也会自动更新。

一、创建图表

Excel 2010 可以根据工作表中的数据自动生成图表，并可使用图表向导或工具按钮来生成图表。

创建图表最简单的方法是使用图表向导来创建图表，操作步骤如下：

（1）在工作表中选择要创建图表的单元格，如图 4-69 所示。

（2）单击"插入"功能区"图表"组右下角"插入图表"按钮，弹出"插入图表"对话框，如图 4-70 所示。

（3）在左侧"图表类型"栏中选择一种图表类型，然后在右侧子图表类型中选择图表的一种样式，单击"确定"按钮。

（4）生成图表，如图 4-71 所示。

恒大中学高二考试成绩表						
姓名	班级	语文	数学	英语	政治	总分
李平	高二（一）班	72	75	69	80	296
江海	高二（一）班	92	86	74	84	336
许如润	高二（一）班	87	83	90	88	348
张江	高二（一）班	97	83	89	88	357
刘小丽	高二（三）班	76	67	90	95	328
刘梅	高二（三）班	72	75	69	63	279
张玲玲	高二（三）班	89	67	92	87	335
李朝	高二（三）班	76	85	84	83	328
王硕	高二（二）班	76	88	84	82	330
麦孜	高二（二）班	85	88	73	83	329
高峰	高二（二）班	92	87	74	84	337
赵丽娟	高二（二）班	76	67	78	97	318

图 4-69　选择要创建图表的单元格

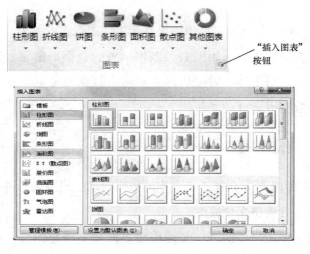

图 4-70　"插入图表"对话框

（5）创建图表后 Excel 显示"图表工具"选项卡，包括设计、布局和格式三个功能区，通过功能区中的命令按钮可以更改图表中各个元素的布局或样式，还可以快速改变图表上的文本和数字格式，如图 4-72 所示。

（6）图表效果如图 4-73 所示。

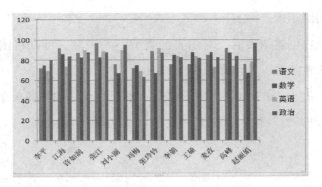

图 4-71　生成图表

图 4-72　"图表工具"选项卡

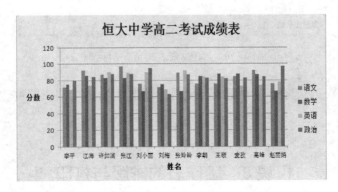

图 4-73　图表效果

二、改变图表类型

Excel 2010 提供了丰富的图表模板，包括条形图、饼图、折线图、曲面图、散点图、雷达图、面积图、圆环图、气泡图等，用以满足不同的需求。

如果在创建图表后，对图表的类型不太满意，可以将图表修改为其他任意类型，具体操作步骤如下：

（1）在 Excel 2010 中右击图表区，然后在弹出的快捷菜单中单击"更改图表类型"按钮，打开"更改图表类型"对话框，如图 4-74 所示。

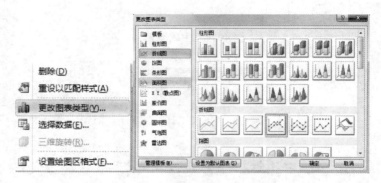

图 4-74 "更改图表类型"对话框

（2）重新选择一种图表类型后，单击"确定"按钮即可。

模块 8 工作表的排版与打印

在打印工作表之前，应首先对工作表的排版与打印选项进行设置，包括设置纸型、边距、页眉页脚、工作表的打印方式以及分页方式等。

一、设置页面

设置页面的大部分工作可在"页面设置"对话框中完成，单击"页面布局"选项卡"页面设置"组右下角的"页面设置"按钮可打开该对话框，如图 4-75 所示。

单击"页面设置"按钮

图 4-75　打开"页面设置"对话框

在"页面设置"对话框中，可以完成对页面的所有设置。

1. 选择纸型和方向

操作步骤如下：

（1）在"页面设置"对话框中选择"页面"选项卡，如图 4-76 所示。

（2）在"方向"栏中选择纸张的方向，在"纸张大小"下拉列表中选择纸张类型，单击"确定"按钮。

2. 设置页边距

纸张的页边距是指页面的正文区域与纸张的四边之间的空白距离，设置页边距的操作步骤如下：

（1）在"页面设置"对话框中选择"页边距"选项卡，如图 4-77 所示。

（2）填写页边距数值，单击"确定"按钮。

图 4-76 "页面"选项卡

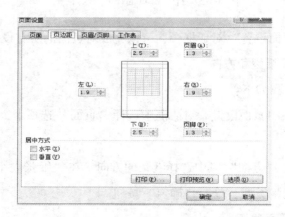

图 4-77 "页边距"选项卡

3. 设置页眉页脚

和 Word 中的页眉和页脚功能相似，Excel 2010 中的页眉和页脚主要用于显示文档的标题或者页码等信息。

在 Excel 2010 中设置页眉页脚的步骤如下：

（1）在"页面设置"对话框中选择"页眉/页脚"选项卡，如图 4-78 所示。

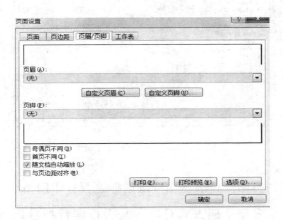

图 4-78　"页眉/页脚"选项卡

（2）在"页眉/页脚"选项卡中的"页眉"和"页脚"下拉列表框中列出了一些常用的页眉和页脚，如当前页码、总页数、工作表名称等，用户可以从中选择需要的页眉页脚。

4. 设置打印方式选项

在"页面设置"对话框的"工作表"选项卡中可以对打印区域、标题行区域、打印顺序以及是否打印网格线等选项进行设置，如图 4-79 所示。

（1）在"打印区域"框中可以指定工作表中需打印的区域。

（2）当表格的长度或宽度超过一页时，可以将表格的列标题区域（通常为第一行）指定为顶端标题行，将行标题区域指定为左端标题列，Excel 会自动将指定区域中的行列标题打印到每一页上。在"打印标题"选项组中可以指定工作表中的行标题或列标题区域。

图 4-79 "工作表"选项卡

（3）在"打印"选项组中可以选择是否打印网格线、是否进行单色打印、是否按草稿方式打印、是否打印行列号以及是否打印批注。

（4）单色打印将把彩色的工作表按黑白方式打印，按草稿方式打印将忽略格式和大部分图形，这两种打印方式都可以提高打印速度。

（5）在"打印顺序"选项组中可以选择"先列后行"或"先行后列"的打印顺序。

二、打印预览

页面设置完毕后，一般都会先进行打印预览，因为在打印预览视图中看到的内容和打印到纸张上的效果是相同的，这样就可以防止由于没有设置好报表的外观使打印出的报表不符合要求而造成的浪费。

打印预览是显示工作表打印效果的一种特殊视图，在打印预览视图中，工作表的显示效果与打印结果基本一致。

要关闭"打印预览"视图可以直接按下 ESC 键。

三、打印

当在打印预览视图下确认设置符合用户要求且工作表的内容、格式正确无误后，即可正式打印工作表。

在 Excel 2010 中打印工作表的操作步骤是：

（1）单击"文件"功能区中的"打印"按钮，打开"打印"对话框，如图 4-80 所示。

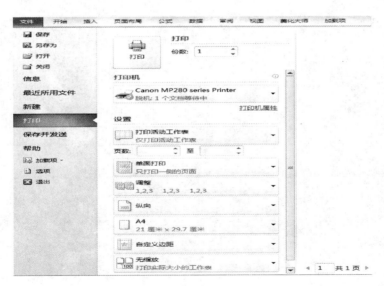

图 4-80　"打印"对话框

在"打印"对话框中进行以下设置：

1）在"打印份数"数值框中输入打印的份数。

2）在"打印机"列表框中选择需要使用的打印机。

3）在"设置"区域中选择打印活动工作表、打印整个工作簿或打印选定区域。

4）在"页数"区域中指定具体的起止页码。

（2）单击"打印"按钮即开始打印。

第5单元

Internet Explorer，原称 Microsoft Internet Explorer（6 版本以前）和 Windows Internet Explorer（7、8、9、10、11 版本），简称 IE（以下如无特殊说明，所有涉及 Microsoft Internet Explorer 或 Windows Internet Explorer 的名称均用简称 IE 表示）。是美国微软公司（Microsoft）推出的一款网页浏览器。目前市场上浏览器很多，有 360 安全浏览器、QQ 浏览器、UC 浏览器、搜狗浏览器等，但市场占有率最高的是 IE，本节以 IE 为平台对互联网的应用进行简单介绍。

模块 1　互联网的基本应用

一、IP 地址

IP 地址是指互联网协议地址（Internet Protocol Address，又译为网际协议地址），在世界各地分布的网站必须要有能够唯一标识自己的地址才能实现用户的访问，这个由授权机构分配的，能唯一标识计算机在网络上的位置的地址被称为 IP 地址。IP 地址是一个 32 位的二进制数，为方便用户理解与记忆，IP 地址通常采用 x. x. x. x 的格式表示，写成四个十进制数字字段，中间用圆点隔开，每个 x 的值为 0~255，如 222. 49. 93. 25。

二、域名

由于 IP 地址是互联网主机作为路由寻址用的数字体标识，对于用户来说，记忆起来十分困难，于是，人们就定义了另外一种按一定规律书写的、便于用户记忆的互联网地址——域名。用户在地址栏中输入域名（如 www. qq. com），域名系统（Domain Name System，DNS）会自动把域名"翻译"成相应的 IP 地址，如图 5-1 所示。

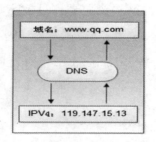

图 5-1　将域名翻译成 IP 地址

互联网上每一台主机的主机名是由它所属的各级域的域名和分配给该主机的名字共同构成的。书写的时候，顶级域名放在最右，各级名字之间用"."隔开。互联网主机域名的一般格式为：四级域名、三级域名、二级域名、顶级域名。例如，新浪网的域名为 www. sina. com. cn，表示主机是在中国（cn）注册的，属于营利性的商业公司（com），名字叫新浪（sina），是万维网的子网（www），常见的 DNS 域名见表 5-1。

表 5-1   常见的 DNS 域名

DNS 域名称	组织类型
com	商业公司
edu	教育机构
net	网络公司
gov	非军事政府机构
cn	（中国）国家/地区

域名系统把整个互联网划分成多个域，行业中称之为顶级域，每个顶级域都有国际通用的域名。顶级域的划分采用了两种模式：地理模式和组织模式。在地理模式中，顶级域名表示国家或地区，次级域名表示网络的属性；在组织模式中，不显示所属的国家或地区，直接用顶级域名表示网络的属性。

三、URL 地址

在上网时，要求在浏览器的地址栏中输入的是 URL 地址，URL（Uniform Resource Locator）即统一资源定位器，它是一个页面的完整因特网地址，包括一个网络协议、网络位置以及选择通路和文件名。例如，新浪的 URL 地址为 http://www.sina.com/index.html。其中，"http" 指出要使用 HTTP 超文本传输协议（Hyper Text Transfer Protocol），协议名后必须加 "://"；然后，指出要访问的服务器的主机名，如 "www.sina.com"；最后，指出要访问的主页的路径及文件名，如 "index.html"，通常这部分可以不输入，网站会自动打开默认主页。

用户可以通过使用 URL 指定要访问哪种类型的服务器、哪台服务器，以及哪个文件。如果用户希望访问某台服务器中的某个页面，只要在浏览器中输入该页面的 URL 地址，就可以浏览该页面。

模块 2　利用 IE 浏览网页

一、浏览万维网网页

万维网（WWW，world wide web）是存储在互联网计算机中，数量巨大的文档的集合。万维网网页简称网页，是互联网上应用最广泛的一种服务。许多公司、组织机构、政府部门和个人都在互联网上建立了自己的万维网网页，网页上可以显示文字、图片，还可以播放声音和动画。访问网页要使用专门的浏览器软件。下面以中文版的 IE 浏览器为例，介绍怎样浏览万维网网页。

启动 IE，便会自动打开预设网页。例如"http：//www.hao123.com/"，如图 5-2 所示。

互联网上的网页多种多样，很多公司、组织机构、政府部门等都有自己的网页，学会打开网页，就能接触到互联网上的大部分信息。

当把鼠标箭头移动到图 5-2 中的新浪图标上时，鼠标光标的形状即变为"链接选择"状态，单击即可打开对应网页，通常把这种能够转移到别的网页的选项叫作"网站链接"。有了"网站链接"

图 5-2　www.hao123.com 网页

就可以根据需要在不同的网页中快速链接到不同网站，而不用记住那些难记的网址。

二、网页的保存

1. 保存网页

（1）打开网页，单击"文件"下拉菜单中的"另存为"命令，如图 5-3 所示，在打开的"保存网页"窗口中选择要保存文件的位置，并输入文件名。

（2）选择一种保存类型，IE 共提供了四种保存类型，如图 5-4 所示，在完成设置后单击"保存"即可。

2. 保存网页中图片

要保存网页中的某张图片，右击图片，在弹出的快捷菜单中选择"图片另存为"，如图 5-5 所示。在打开的"保存图片"窗口中输入文件名，选择保存类型和位置后单击"保存"即可。

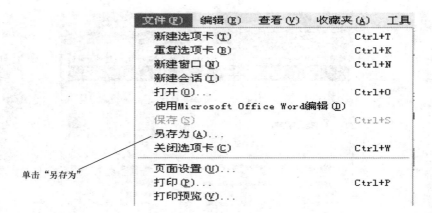

图 5-3　"文件"下拉菜单

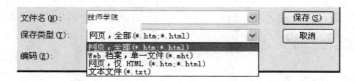

图 5-4　四种保存类型

图 5-5　选择"图片另存为"

3. 特殊网页的保存

对于没有 IE 菜单的广告或其他网页的窗口，无法使用"文件→

另存为"保存网页,这时可以按下"Ctrl+N"组合键,按下后弹出一个新窗口,这个窗口不仅包含了原窗口的内容,而且可以正常使用 IE 菜单功能,这时就可以使用"文件→另存为"保存网页,如图 5-6 所示。

图 5-6　按下"Ctrl+N"弹出的新窗口

三、收藏夹

若某个网页经常需要用到,可以将这个网页的网址保存到收藏夹中以方便使用。操作方式是单击菜单中的"收藏夹",在下拉菜单中单击"添加到收藏夹"或"添加到收藏夹栏",如图 5-7 所示。

四、Internet 选项设置

1. IE 主页的设置

在启动 IE 后,默认打开使用微软主页,用户可根据喜好设置默认 IE 主页,设置主页步骤如下:

(1)用鼠标右击 IE 快捷方式,在快捷菜单中选择"属性"或在打开的 IE 窗口中单击菜单栏"工具"选项,在下拉菜单中选择

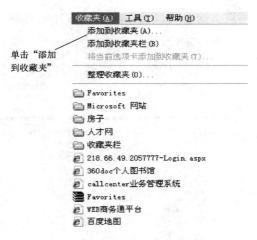

图 5-7　将网页添加到收藏夹

"Internet 选项"。

（2）单击"常规"打开"常规"选项卡。

（3）单击"使用当前页"按钮，输入当前页地址，如图 5-8 所示。

（4）单击"确定"按钮，完成设置。

2. 删除 IE 历史记录

依前述方式打开"Internet 选项"中的"常规"选项卡，单击"删除"按钮，弹出"删除浏览的历史记录"窗口，如图 5-9 所示，根据需要选中其中的选项，再单击删除按钮即可删除 IE 历史记录。

3. IE 临时文件和历史记录设置

在"Internet 选项"窗口的"常规"选项卡中单击设置，打开如图 5-10 所示的"Internet 临时文件和历史记录设置"窗口，在窗口中根据需要对移动文件夹，查看对象，查看文件，保存天数等进行设置，在设置完毕后单击确定即可保存。

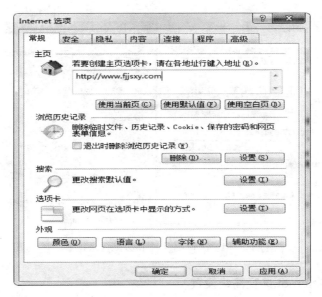

图 5-8　IE 主页设置

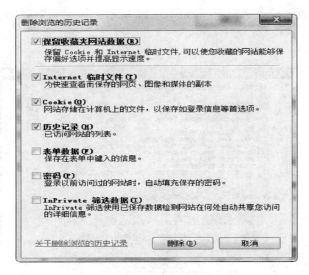

图 5-9　删除 IE 历史记录

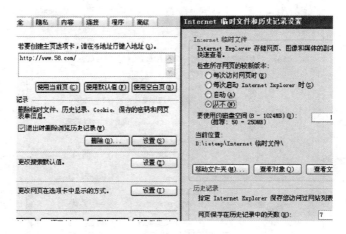

图5-10　IE临时文件和历史记录设置

4. Internet 选项高级设置

打开"Internet 选项"中的"高级"选项卡，根据需要选择相关的项目或者还原高级设置，如图5-11所示，设置完毕后单击确定即可保存。

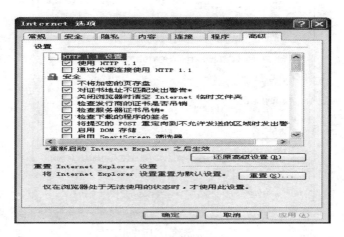

图5-11　IE高级设置

模块 3　电子邮件收发

什么是电子邮件呢？电子邮件（E-mail）是一种用电子手段提供信息交换的通信方式，是应用最广的互联网服务。通过电子邮件，用户可以以非常低廉的价格（不管发送到哪里，都只需负担网费）、非常快速的方式（几秒钟之内可以发送到世界上任何指定的目的地）与世界上任何一个角落的网络用户联系。

很多网站都提供了免费的电子邮箱，例如网易、QQ、新浪等，本节以 QQ 邮箱为例进行介绍。

一、电子邮箱的格式

电子邮件地址格式：<用户标识>@<主机域名>。

例如：fzmicro@163. com，594492853@qq. com。

二、登录 QQ 邮箱方式

（1）客户端登录方式。登录 QQ 后，单击客户端中的邮件图标，即可登录到 QQ 邮箱，如图 5-12 所示。

（2）网页登录方式。在浏览器的地址栏中输入 http://mail. qq. com，出现登录界面，输入账号和密码，即可登录 QQ 邮箱，如图 5-13 所示。

图 5-12　QQ 客户端登录界面

图 5-13　QQ 网页登录界面

三、邮件的收发

登录 QQ 邮箱后，打开如图 5-14 所示的邮箱界面。

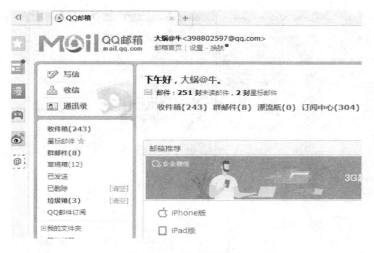

图 5-14　QQ 邮箱界面

1. 发送电子邮件

单击"写信"。

（1）在收件人栏中输入对方的电子邮件地址。

（2）在正文栏中输入信件的内容。

（3）在主题栏中输入邮件的主要关键词。

（4）如需要将文件发送给对方，应单击"添加附件"，在打开的对话框中选择对应文件，单击"打开"即在邮件中添加附件，如图 5-15 所示。完成信件内容后，单击发送即可。

2. 查看电子邮件

单击收件箱后，会在右侧列出所有收到的信件，单击相应的信件，就可以看到信件的具体内容，如图 5-16 所示。

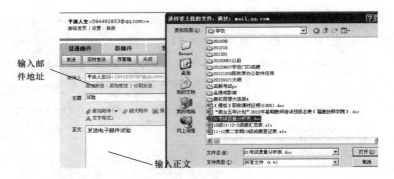

图 5-15　发送电子邮件

图 5-16　查看电子邮件

模块 4　搜索引擎介绍

一、百度搜索引擎

网络搜索是查找资料的好帮手，在快速发展的互联网时代，几乎所有的知识和信息都可以通过网络搜索找到。本节将以百度搜索为例对搜索引擎进行讲解，常用的搜索引擎还有：

"360 搜索"：www. so. com。

"搜狗"：www. sogou. com。

打开浏览器，在地址栏中输入 www. baidu. com 后，敲击回车键即进入搜索引擎"百度搜索"的主页，如图 5-17 所示。

图 5-17　百度主页

1. 单关键词搜索法

使用百度进行搜索简单方便，只需要在搜索框内输入要搜索的关键词，再用鼠标单击搜索框右侧"百度一下"按钮或敲击回车键就会开始搜索并得出结果，如图 5-18 及图 5-19 所示。

图 5-18　输入关键词并单击搜索按钮

2. 多关键词搜索法

在搜索框中输入多个关键词，不同关键词之间用一个空格分开，便能获得更精确的搜索结果。

图 5-19　搜索结果窗口

例如：如果想查询福州西湖公园的相关信息，在搜索框中输入"福州　西湖公园"得到的结果会比输入"西湖公园"得到的结果更加精准，如图 5-20 及图 5-21 所示。

输入多个关键词　　　　　　单击按钮得到搜索结果

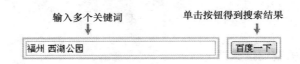

图 5-20　将多个关键词输入关键字窗口

图 5-21　搜索结果窗口

3. 图片搜索法

百度图片搜索引擎是世界上最大的中文图片搜索引擎之一，它从几十亿中文网页中提取各类图片，建立了世界第一的中文图片库。进行搜索时，在如图 5-22 所示的搜索框中输入关键词，在下方选项中选中"全部图片"，再单击"百度一下"，就可开始搜索与关键词匹配的相关图片。

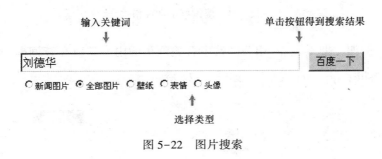

图 5-22 图片搜索

二、高级搜索

1. 搜索特定的文件格式

为提高查询效率，如果用户想搜索指定的文件格式，搜索方式是：在查询内容前方加上"filetype：文件格式"。

例如：搜索所有关键词为"百度"的 PPT 文件，就可以输入以下文字进行查询：filetype：ppt 百度，搜索到的就是关键词为"百度"的 ppt 文件，如图 5-23 所示。

2. 在特定站点中搜索

如果想要在特定站点中查找内容，可以把搜索范围限定在这个站点中，搜索方式是：在查询内容前方加上"site：站点域名"。

图5-23　搜索特定文件格式

例如：搜索在 qq 相关网站中有关汽车的内容，应在查询框中输入"site：qq.com 汽车"，如图 5-24 所示。

图5-24　在特定站点中搜索

第6单元

计算机常用软件

模块 1　安全软件

一、杀毒软件

常用的杀毒软件有 360 杀毒软件、瑞星杀毒软件、金山毒霸、卡巴斯基、avast、BitDefender（比特梵德）、NOD32、大蜘蛛、江民杀毒等，以上杀毒软件各有优缺点。本节以 360 杀毒软件为例介绍。

1. 360 杀毒软件的基本操作

（1）启动 360 杀毒软件有 3 种方法：

1）双击桌面上的 360 杀毒快捷方式图标。

2）单击任务栏中的 图标。

3）单击开始—所有程序—360 杀毒。

启动后的 360 杀毒软件界面如图 6-1 所示。

（2）360 杀毒提供快速扫描、全盘扫描以及指定位置扫描方式。

1）单击"快速扫描"选项，即执行快速扫描，该功能仅扫描计算机的关键目录和极易有病毒隐藏的目录，如图 6-2 所示。

2）单击"全盘扫描"选项，即执行全盘扫描，该功能将查杀

图 6-1　360 杀毒软件界面

图 6-2　快速扫描

所有分区上的目录和文件中的病毒，如图 6-3 所示。

3）选中"自定义扫描"选项，即执行自定义扫描，该选项仅对用户指定的目录和文件进行扫描，如图 6-4 中所示指定对 C 盘进行扫描。

图 6-3　全盘扫描

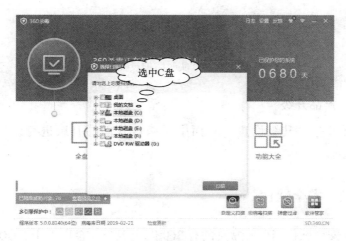

图 6-4　指定位置扫描

2. 360 实时防护

启动 360 实时防护可以实时监控病毒、木马的入侵，保护计算机安全。可以通过在实时防护设置中进行调整来选择防护级别，例如，要将实时防护级别设置选择中度防护，应将滑板移动到"中"的位置，如图 6-5 所示。

图 6-5　360 实时防护设置界面

3. 产品升级

可以在"升级设置"页面中对杀毒软件的升级进行设置，如图 6-6 所示。

二、安全软件

在安全软件当中，常见的有 360 安全卫士、金山卫士、QQ 电脑管家等，以上产品的功能性质与操作方法相似，下面以 360 安全卫士为例。

360 安全卫士是一款由奇虎 360 公司推出的功能强、效果好、广受用户欢迎的安全软件。其具有立体防护、计算机体检、木马

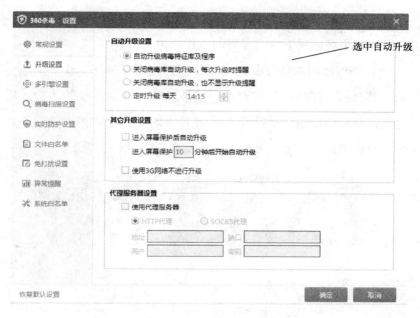

图 6-6　360 产品升级设置

查杀、清理插件、修复漏洞、系统修复、垃圾清理、优化加速等
多种功能。

1. 立体防护

立体防护包括木马防火墙、网盾和保镖三种功能。

（1）木马防火墙。木马防火墙可全方位保护计算机不被木马入
侵，有效避免木马入侵所引起的计算机被控制、隐私资料被窃取等
严重后果。

（2）什么是 360 网盾。360 网盾是一款免费的全功能上网保护
软件，可全面防范上网过程中可能遇到的各种风险，有效拦截木马
网站、欺诈网站，自动检测所下载的文件并及时清除病毒。

（3）什么是 360 保镖。360 保镖，能标识出网页上的危险链接，并提供了从下载前到下载完成后的全程保护。

（4）如何使用木马防火墙+网盾+保镖。当安装好 360 安全卫士之后，其会根据计算机的需要和网络环境自动开启需要的防护。用户也可以根据需要选择关闭全部或者其中的一部分防护功能，并且设置计算机遭遇木马等风险时的提示模式，如图 6-7 所示。

图 6-7　360 立体防护

2. 计算机体检

（1）什么是计算机体检。计算机体检功能可以全面检查计算机的各项状况，在体检完成后会提交一份优化意见，用户可根据需求对计算机进行进一步优化，也可点击一键优化。

（2）为什么要进行计算机体检。体检可以帮助用户快速全面了解计算机，并且可以提醒用户对计算机做一些必要的维护，如木马查杀、垃圾清理、漏洞修复等。定期体检可以有效地保持计算机的工作正常。

（3）如何进行计算机体检。打开 360 安全卫士的界面，点击立即体检即可进行计算机体检，如图 6-8 所示。

图 6-8　计算机体检

3. 木马查杀

（1）什么是木马查杀。利用计算机程序漏洞侵入后窃取文件的程序被称为木马。木马查杀功能可以找出计算机中疑似木马的程序并在取得用户允许的情况下删除这些程序。

（2）为什么要查杀木马。木马对计算机危害非常大，可能导致包括支付宝、网络银行在内的重要账户密码丢失，木马的存在还可能导致用户的隐私文件被拷贝或删除。所以及时查杀木马对安全上网来说十分重要。

（3）如何进行木马查杀。进行木马查杀时，单击进入木马查杀界面，选择"快速扫描""全盘扫描"或"按位置查杀"可分别检查计算机中的不同位置是否存在木马程序。扫描结束后若出现疑似木马，可以选择删除或加入信任区，如图 6-9 所示。

图 6-9　木马查杀

4. 清理插件

（1）什么是清理插件。插件是一种遵循一定规范的应用程序接口编写出来的程序。很多软件都有插件，例如在 IE 中，安装相关的插件后，WEB 浏览器能够直接调用插件程序，用于处理特定类型的文件。清理插件功能会检查电脑中安装了哪些插件，可以根据网友对插件的评分以及用户需要来选择清理或保留哪些插件。

（2）为什么要清理插件。安装太多的插件会影响系统运行的速度。许多插件可能是在用户不知情的情况下安装的，用户有可能并不了解这些插件的用途，也不需要这些插件。通过定期清理插件，能及时删除这些插件，保证系统运行的速度。

（3）清理插件的方式。在窗口中单击"电脑清理"→单击"单项清理"→选择"清理插件"，如图 6-10 所示。再单击"开始扫描"，360 安全卫士就会开始检查计算机插件。

图 6-10　清理插件

5. 修复漏洞

（1）什么是系统漏洞。此处的系统漏洞特指 Windows 操作系统在逻辑设计上的缺陷或在编写时产生的错误。

（2）为什么要修复系统漏洞。系统漏洞可以被不法分子或者计算机黑客利用，通过植入木马、病毒等方式来攻击或控制整台计算机，从而窃取计算机中的重要资料和信息，甚至破坏计算机系统。

（3）如何修复漏洞。在窗口单击"系统修复"→单击"单项修复"→选择"漏洞修复"，360 安全卫士就会开始修复计算机漏洞，如图 6-11 所示。

6. 系统修复

（1）系统修复的作用是什么。系统修复可以检查计算机中多个关键位置是否处于正常的状态。

（2）遇到什么问题时可以使用系统修复。当浏览器主页、开始菜单、桌面图标、文件夹、系统设置等出现异常时，使用系统修复

图 6-11　修复漏洞

功能，可以帮用户找出问题出现的原因并修复问题，如图 6-12 所示。

图 6-12　系统修复

7. 垃圾清理

（1）什么是垃圾文件。垃圾文件指系统工作时所过滤加载出的剩余数据文件，虽然每个垃圾文件所占系统资源并不多，但是有一定时间没有清理时，垃圾文件会越来越多。

（2）为什么要清理垃圾文件。垃圾文件长时间堆积会拖慢计算机的运行速度和上网速度，浪费硬盘空间。

（3）如何清理垃圾文件。打开"电脑清理"页面，在需要清理的垃圾文件种类上打钩，单击"开始扫描"。如果不清楚哪些文件需要清理，哪些文件不需要清理，则可单击"默认勾选"，让 360 安全卫士来做合理的选择，再单击"一键清理"，即开始清理垃圾，如图 6-13 所示。

图 6-13　垃圾清理

8. 优化加速

优化加速可以全面帮助用户优化计算机系统，提升计算机速度，如图 6-14 所示。

9. 软件管家

软件管家中包含众多优质安全的软件，供用户方便、安全地下

图 6-14　360 优化系统

载，从软件管家下载软件时不需要担心下载到木马病毒等恶意程序。如果下载安装的软件中带有插件时，软件管家会提示用户，同时，软件管家还提供了"软件升级"和"卸载软件"的便捷入口，如图 6-15 所示。

图 6-15　软件管家

模块 2　压缩软件应用

一、压缩与解压缩软件（WinRAR）

压缩与解压缩软件在现代办公中常常会使用到。本节将介绍各种压缩格式以及如何使用压缩与解压缩软件 WinRAR。

1. 为什么要压缩文件

文件压缩，顾名思义就是把文件"变小"的过程。在日常办公中，硬盘中的资料会越来越多、越来越乱，如果将它们压缩打包后存放，不仅可节约空间，还利于查找。

2. 常见的压缩格式

压缩格式有很多，如常见的 ZIP 格式、RAR 格式、CAB 格式、ARJ 格式等，还有一些比较少见的压缩格式，如 BinHex、HQX、LZH、Shar、TAR、GZ 格式等。另外，像 MP3、MP4 和 AVI 等音频、视频文件都使用了压缩技术。

3. WinRAR 的使用

WinRAR 通常能达到 50% 以上的压缩率，不仅能输出 RAR 和 ZIP 格式的压缩文件，还可以对 CAB、ARJ、LZH、TAR、GZ、ACE、UUE、BZ2、JAR、ISO 等多种类型的档案文件、镜像文件和 TAR 组合型文件进行解压缩。WinRAR 的操作界面很简洁，当鼠标指针移动到功能按钮上时，会出现相应的功能提示。

二、压缩

WinRAR 软件提供了非常友好的向导功能，跟随向导指示逐步操作就可以顺利完成文件的压缩。

（1）运行 WinRAR 软件，单击如图 6-16 所示的工具栏中的向导按钮，弹出如图 6-17 所示的对话框，在对话框中选择"创建新的压缩文件"，单击"下一步"按钮。

图 6-16　启动压缩软件界面

图 6-17　创建新的压缩文件

（2）在打开的对话框中选择需要压缩的文件，可以选择一个文件，也可以把几个文件乃至几个文件夹都选中，完成后单击"确定"

按钮，如图 6-18 所示。

图 6-18 选择要压缩的文件

（3）输入压缩文件名，在打开的对话框中输入压缩后的文件名称。如果想改变文件保存位置，单击浏览，否则文件将默认存放在源文件所在目录。输入压缩文件名后，单击"下一步"按钮，如图 6-19 所示。

（4）在新打开的对话框中可对附加的压缩选项进行设置，如在创建压缩文件的时候，要考虑接收方是否安装有解压缩工具，如果没有，应选择"创建自解压（.EXE）压缩文件"。设置完成后，单击"完成"按钮，即开始进行文件压缩，如图 6-20 所示。

三、解压缩

接收到压缩文件后，可通过 WinRAR 的解压缩功能对文件进行解压缩。

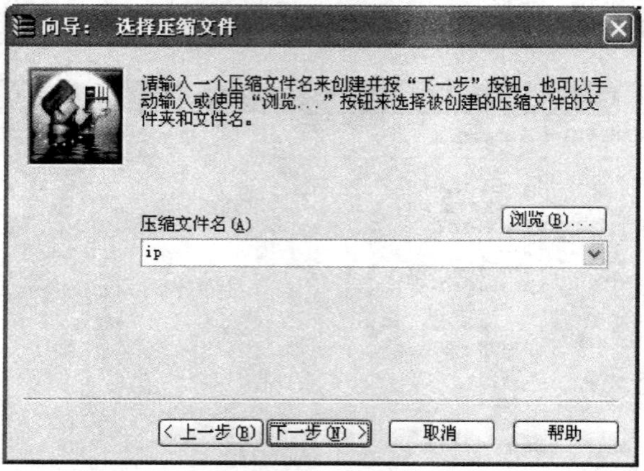

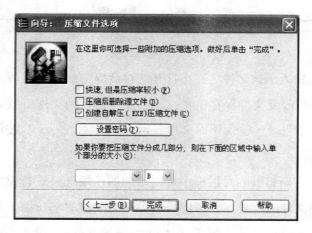

图 6-19　压缩后的文件名

图 6-20　创建自解压

1. 双击法

安装完 WinRAR 之后，系统已经自动将 RAR 和 ZIP 等格式的压缩文件与这个解压缩工具关联起来了。所以可直接在压缩文件上双击鼠标左键打开 WinRAR 的窗口，如图 6-21 所示。

图 6-21　双击打开 WinRAR 的窗口

　　单击工具栏上的"解压到"弹出"解压路径和选项"对话框，默认情况下，系统会以压缩文件名为路径名，在当前文件夹下再建立一个新的文件夹，所有解压缩出来的内容都会放在这个文件夹内。如果只想解压缩其中的部分文件（或文件夹），应先选中这些文件（或文件夹），再单击"解压缩"即可，如图 6-22 所示。

图 6-22　设置压缩路径

2. 右键法

在压缩文件的文件名（或文件图标）上单击鼠标右键，弹出如图 6-23 所示的快捷菜单，在菜单中选择相应的命令即可在对应位置解压出该压缩文件。

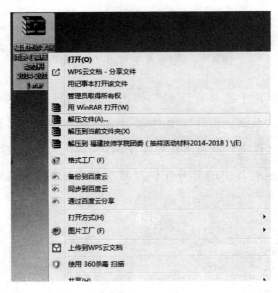

图 6-23　解压文件

WinRAR 除了压缩与解压缩这两种最基本的功能之外还有许多功能，例如，向一个压缩文件中添加文件，将一个压缩文件中的部分文件删除，为一个解压文件加密或进行分卷压缩等。

单击工具栏上方选项按钮，在下拉菜单中选择"设置"，打开如图 6-24 所示的"设置"对话框，可以在对应选项卡中对包括常规、压缩、路径、文件列表、查看器、安全等选项进行设置。

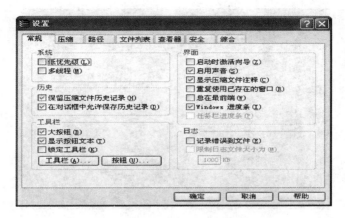

图 6-24　"设置"对话框

模块 3　多媒体播放器

常用多媒体播放器有：暴风影音、Windows Media Player、QQ 影音播放器、PPTV、风行、快播、百度影音播放器等，这些播放器的功能与操作方式相似，下面以暴风影音为例来介绍。

暴风影音是最常用的视频播放软件之一，除支持 RealOne、Windows Media Player 等多媒体格式外，暴风影音还支持 QuickTime、DVDRip 以及 APE 等格式，所以，它又有"万能播放器"的美称。

一、暴风影音的界面

暴风影音的界面如图 6-25 所示。

图 6-25　暴风影音界面

二、打开文件

选中需要打开的文件，单击"打开"，就可以播放，如图 6-26 所示。

图 6-26　打开文件

三、播放在线影视

单击"在线影视"，出现如图 6-27 所示的界面，寻找相应的视频，就可以进行播放。

图 6-27　在线影视

四、快捷功能

在屏幕的最下面一行有快捷键，如图 6-28 所示。

图 6-28　快捷功能

模块 4　下载软件

常见的下载软件有迅雷、网络蚂蚁、超级旋风、网际快车、BT下载等，本节以迅雷为例进行介绍。

一、迅雷使用基础

1. 任务分类说明

在迅雷的主界面左侧就是任务管理窗口，该窗口中包含一个目录树，分为"正在下载""已完成"和"垃圾箱"三个分类，如图 6-29 所示。鼠标左键单击其中一个分类就可以看到这个分类里的任务，每个分类的作用如下：

1）正在下载——没有下载完成或者下载错误的任务都在这个分类中，当开始下载一个文件时，打开"正在下载"即可查看该文件的下载状态。

图 6-29　迅雷界面

2）已完成——下载完成后任务会自动移动到"已完成"分类，如果发现下载完成后文件不见了，打开"已完成"分类就可以看到文件。

3）垃圾箱——用户在"正在下载"和"已完成"中删除的任务都存放在"垃圾箱"中，其作用就是防止用户误删，在"垃圾箱"中删除任务时，会提示是否把存放于硬盘上的文件一起删除。

2. 更改默认的文件下载目录

迅雷安装完成后，会自动在 C 盘建立一个"C：\ 迅雷下载"文件夹作为文件下载目录，如果用户希望更改存放目录，如将文件的下载目录改成"D：\ 迅雷下载"，可单击设置中心中的"基本设置"按钮，将"下载目录"中的内容更改为"D：\ 迅雷下载"然后单击"确定"，下载目录即更改为"D：\ 迅雷下载"，如图 6-30 所示。

图 6-30　更改下载目录

二、设置显示/隐藏悬浮窗口

1. 当迅雷启动时，在屏幕右下角的"系统通知区域"中，找到迅雷的图标。

2. 在迅雷图标上单击鼠标右键，在弹出的快捷菜单中选择"悬浮窗显示设置"→"隐藏悬浮窗"，即可将悬浮窗隐藏。

3. 若悬浮窗已被隐藏时，再次单击鼠标右键，选择"悬浮窗显示设置"→"显示悬浮窗"，即可将悬浮窗显示，如图6-31所示。

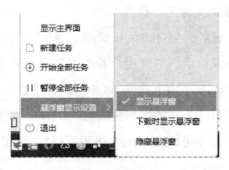

图6-31　设置悬浮窗口的显示/隐藏

模块5　网络聊天工具

随着计算机及互联网技术的快速发展，网络聊天工具成为当今使用最为广泛的即时通信工具之一，通过这种工具，可以与亲人、朋友、工作伙伴进行文字聊天、语音对话、视频会议等即时交流，成为当今网络应用的流行时尚。目前在互联网上受欢迎的即时通信软件包括Anychat、百度hi、QQ、Skype、MSN、飞信、微信、YY、FastMsg、imo、AOL Instant Messenger、NET Messenger Service、

Jabber、ICQ 等，本节主要以腾讯 QQ 网络聊天工具为例介绍。

一、腾讯 QQ 简介

腾讯 QQ 是深圳市腾讯计算机系统有限公司开发的一款基于 Internet 的即时通信（IM）软件。其支持在线聊天、即时传送语音、视频、在线（离线）传送文件等全方位基础通信功能，并且支持从 PC 到手机的跨终端通信，为用户构建了完整、成熟、多元化的在线生活平台。

二、腾讯 QQ 的登录与使用

1. 腾讯 QQ 的下载与安装

单击 http://im.qq.com/qq/页面上的"立即下载"按钮即可获得最新发布的 QQ 正式版本。在下载完成后运行安装文件，并按提示进行操作，即可完成安装。

2. QQ 申请注册

打开 http://zc.qq.com/chs/index.html/页面，在页面中输入昵称、密码、手机号码、验证码后，单击"立即注册"以提交信息，注册成功后同时取得个人 QQ 号和 QQ 邮箱，如图 6-32 及图 6-33 所示。

3. 腾讯 QQ 的登录与使用

双击桌面上的 QQ 快捷方式或按顺序单击开始→程序→腾讯软件→腾讯 QQ，打开如图 6-34 所示的登录界面，输入申请到的 QQ 号码和密码。新号码首次登录时，好友名单是空的，要和其他人联系，必须先要添加好友。

图 6-32　QQ 注册界面

图 6-33　QQ 注册成功界面

图 6-34　QQ 登录界面

4. 查找/添加好友和管理好友

登录 QQ 后，在 QQ 主界面单击"添加好友"按钮＋，如图 6-35 所示。在出现的如图 6-36 所示的"查找"对话框中，选择"找人"选项卡，在文本框中输入好友的信息，输入后单击"查找"按钮，在弹出的对话框中，单击选中好友的信息，然后单击"+好友"按钮，在弹出的对话框中输入自己的信息以便顺利地通过对方的身份验证，接着选择相应的分组，最后单击"确定"按钮即向对方发送好友申请，对方同意后便成功添加好友。

图 6-35　好友查找界面

图 6-36　查找联系人/群

5. 发送即时消息

单击"我的好友"，选中好友后双击，打开如图 6-37 所示的发送消息界面，编写好消息，单击发送，即发送即时消息。

图 6-37　发送消息界面

6. 发送和接收文件

用户可以向好友传递任何格式的文件，例如文档、图片、歌曲，压缩文件夹等。由于 QQ 在传输数据时支持断点续传，传送大文件也不用担心传输过程中断。

（1）双击好友头像，在弹出的聊天窗口中单击"发送文件/文件夹"，如图 6-38 所示，并在弹出的下拉菜单中选择"发送文件/文件夹"后，在弹出的对话框中选中要发送的文件，单击发送按钮便可发送文件或文件夹，如图 6-39 所示。

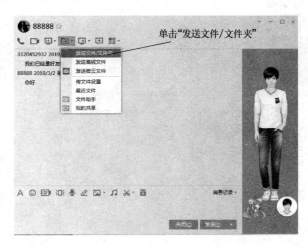

图 6-38　单击"发送文件/文件夹"

（2）等待对方接收，连接成功后，聊天窗口右上角会出现传送进程。对方接收完毕后，QQ 会提示打开文件所在的目录，如图 6-40所示。

（3）接收文件时，也会出现一个提示，一般选择"另存为"将要接收的文件存放在用户选定的位置，例如要把接收的文件放在桌面上，那么选择"另存为"再选择"桌面"就可以了，如图 6-41所示。

图 6-39 "选择文件/文件夹"对话框

图 6-40 发送文件

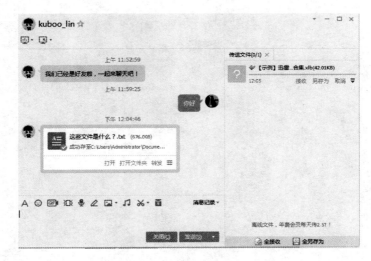

图 6-41　接收文件